小庭院

设计与施工全集

石 艳 —— 主编

江苏凤凰美术出版社

图书在版编目（CIP）数据

小庭院设计与施工全集 / 石艳主编. -- 南京：江苏凤凰美术出版社，2022.5
ISBN 978-7-5580-9854-3

I.①小… II.①石… III.①庭院—景观设计—工程施工 IV.①TU986.2

中国版本图书馆CIP数据核字(2022)第059768号

出版统筹　王林军
策划编辑　段建姣
责任编辑　王左佐
特邀编辑　段建姣
装帧设计　毛欣明
责任校对　韩　冰
责任监印　唐　虎

书　　名　小庭院设计与施工全集
主　　编　石　艳
出版发行　江苏凤凰美术出版社（南京市湖南路1号　邮编：210009）
总 经 销　天津凤凰空间文化传媒有限公司
总经销网址　http://www.ifengspace.cn
印　　刷　雅迪云印（天津）科技有限公司
开　　本　889mm×1194mm　1/16
印　　张　10
版　　次　2022年5月第1版　2022年5月第1次印刷
标准书号　ISBN 978-7-5580-9854-3
定　　价　98.00元

营销部电话　025-68155792　营销部地址　南京市湖南路1号
江苏凤凰美术出版社图书凡印装错误可向承印厂调换

目　录

新中式风格

现代简约风格

现代自然风格

混搭风格

新中式风格

拾趣生活·
屋顶花园

项目地点：河北省泊头市
花园面积：500m²

设计风格：新中式
工程造价：65 万
施工周期：120 天
设 计 师：潘玲钰
设计单位：园筑（天津）景观工程设计有限公司

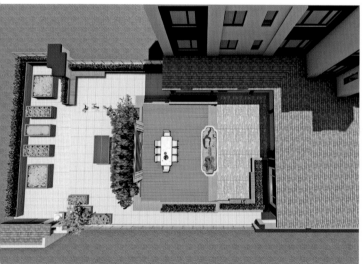

项目概况

　　该项目为高层住宅三层的露台空间，楼下是小区底层商户，楼上则是小区高层的住户，施工工艺和设计空间都受到了一定的限制。好在面朝小区绿化景观区，视野开阔，树木繁茂，设计环境良好。

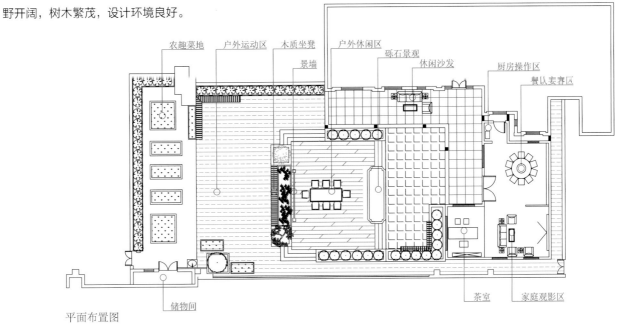

农趣菜地　户外运动区　木质坐凳　户外休闲区　砾石景观　休闲沙发　厨房操作区　餐饮宴客区　景墙

储物间　　茶室　家庭观影区

平面布置图

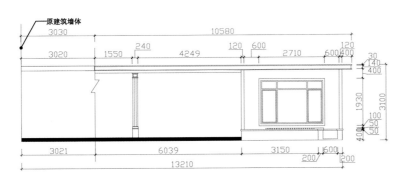

木屋长廊交汇立面图

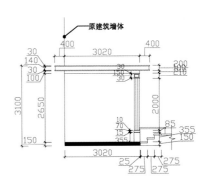

长廊建筑交接立面图

设计说明

花园设计从美化小区楼顶空间的角度出发，以降尘、降噪为主要目的，增加了一些绿化的载体，造景元素以简洁、轻质、可移动为主，主要设有一间40多平方米的轻型木屋，还有木制甲板、几个木质种植箱和一些种植花盆等。

庭院采用了新中式风格的设计手法，直线条高差的错落，给人强烈的视觉观感。聚餐、休闲的半开放区，会客的茶室，休闲娱乐的影音室，归田园居的种植采摘区等，几乎可以满足你对庭院的所有畅想。一棵孤植的

造型松树、几丛青竹，并没有用很复杂的植物做摆设，减少了维护的麻烦，但庭院的意境油然而生。长廊下的空地处放上大大的休憩沙发、一张茶几，形成一个覆盖型的私密区域，很适合来上一杯咖啡，然后小睡一会儿。

外部延展空间为开放式的公共活动区，可供大家休闲使用，设有乒乓球区、运动器械区、闲坐区等，是一处为同层住户提供交流的公共场所。

所有景观元素的高度及宽度都控制在建筑使用的合理范围内，未影响小区内别的业主。

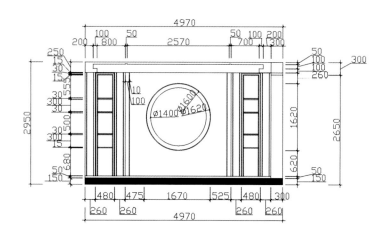

木屋客厅造型墙立面图 1

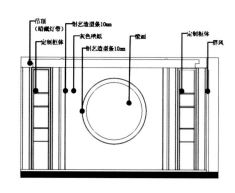

木屋客厅造型墙立面图 2

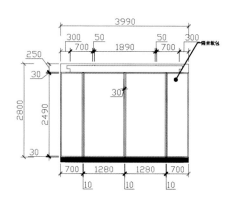

家庭投影区内立面图

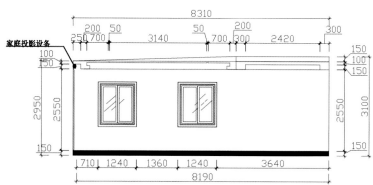

新建木屋内立面图

翠缇溪谷庭院

项目地点：云南省安宁市
花园面积：420m²

设计风格：新中式
工程造价：60 万
施工周期：90 天
设 计 师：杨青波
设计单位：云南蓝天园林绿化工程有限公司

项目概况

项目位于云南省安宁市太平玉龙湾景区，花园面积中等，室内装修为中式风格。

设计说明

为与室内风格保持协调，整个庭院以特色景墙、小桥流水、泡池、烧烤区、亭子、碎石汀步、中式围墙和花草树木等共同构造出一个充满意境的中式花园景观。中式特有的花纹铺装、山石，加上障景、框景、漏景、对景等手法的运用，配以功能区的合理布局，创造出一幅"人与自然和谐之美"的画面。庭院入口的罗汉松造型树与跌水、汀步桥相结合，尽显宁静致远的意境之美。

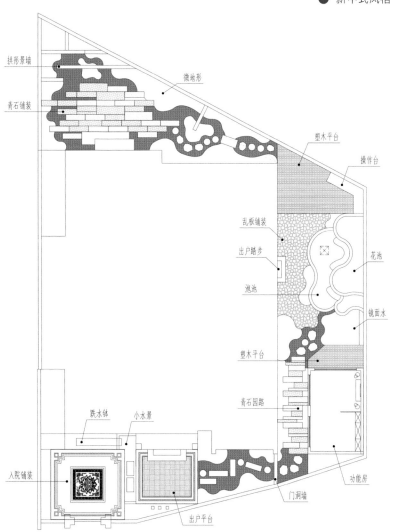

拱形景墙
微地形
青石铺装
塑木平台
操作台
乱板铺装
出户踏步
花池
泡池
镜面水
塑木平台
青石园路
跌水钵
小木景
功能房
入院铺装
门洞墙
出户平台

平面图

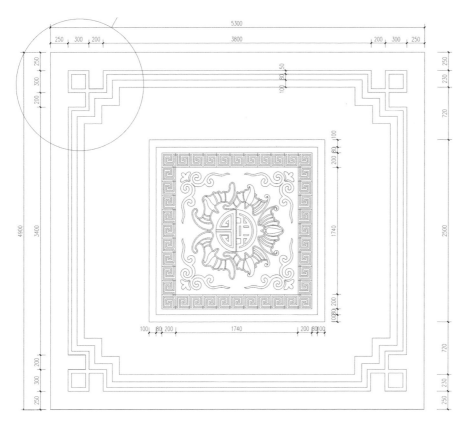

入口平台铺装尺寸

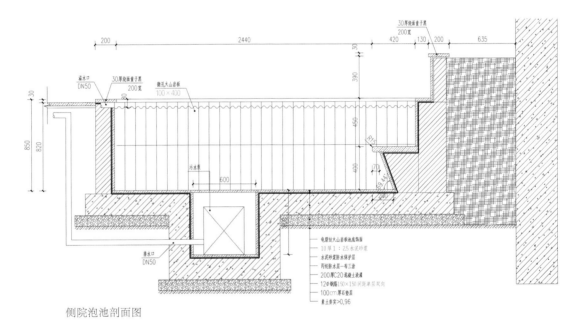

侧院泡池剖面图

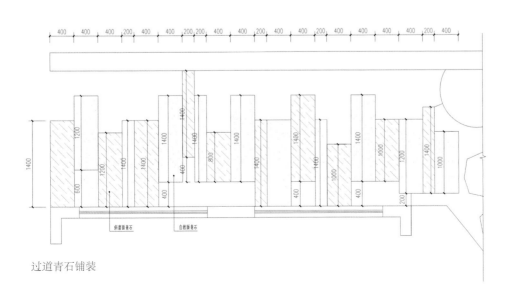

过道青石铺装

华海湖滨会馆

项目地点：陕西省西安市
花园面积：320m²

设计风格：新中式
工程造价：140 万
施工周期：120 天
设 计 师：李娜、高海耀
设计单位：品壹禾景观

项目概况

　　该会馆是在原建筑基础上重新改造的新中式建筑，
庭院由北院、南院以及西边的 U 字形路径构成，南侧濒
临无名湖边，入口由北门而入。

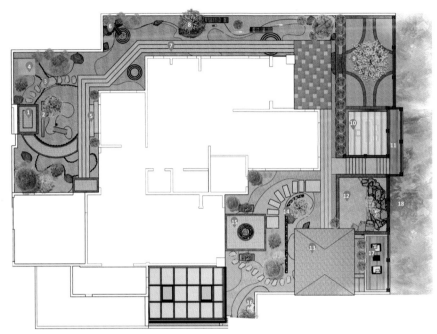

1.入户平台
2.影壁
3.汀步
4.宠物屋
5.入室平台
6.跌水石景
7.幽径
8.松韵
9.阳光菜园
10.茶室
11.垂钓台
12.假山叠水
13.汤泉
14.景墙
15.入室平台
16.枫染
17.观景台
18.无名湖

平面图

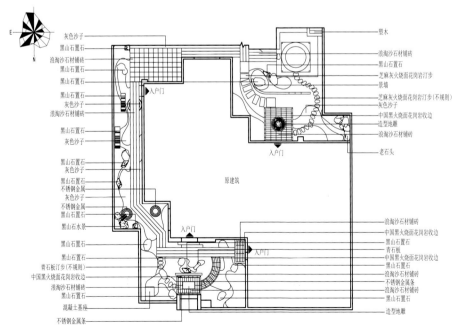

材质图

设计说明
· · · · · · · · · ·

　　本庭院以自然排列的景石群、苔藓与白沙形成对比，营造出寂静的空间。砾石小河始于靠近墙体的跌瀑，一直流至建筑。南院假山叠水，流水潺潺，此水声与静置的旱溪形成视觉对比。

　　为缩小南北院之间的距离，在垂直设置的孤赏石中增添了一个水景元素，或踏至茶亭而坐，或步入汤泉而憩。在此处，清净无杂念的心与庭院空间对峙，时而妄想世界，时而无相未来。

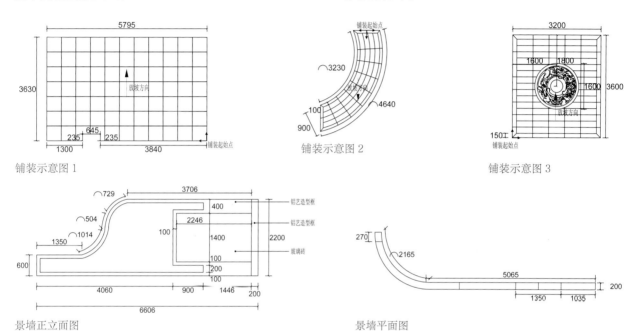

铺装示意图 1

铺装示意图 2

铺装示意图 3

景墙正立面图

景墙平面图

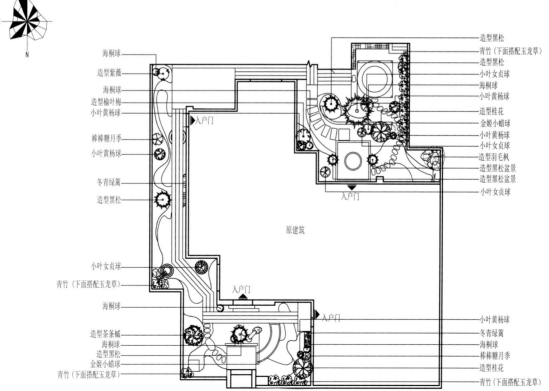

植物配置图

爵士名邸 别墅

项目地点：湖南省长沙市
花园面积：236m²

设计风格：新中式
工程造价：55 万
施工周期：150 天
设 计 师：谭帅
设计、施工单位：长沙林凡景观设计有限公司

项目概况

　　这是一个庭院改造项目，原庭院过于自然，植物四
处生长，难以打理，且蚊虫甚多。业主比较钟情中式山水，
硬质景观占据了庭院的大部分空间。

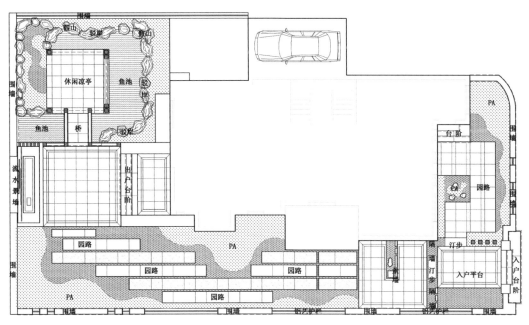

平面图

设计说明

入户设计的是一个三级而上的中式门头，大气恢宏，精致考究。T形门头寓意天方，月洞门寓意地圆。整体入户遵循三进归家礼序，一进入园，二进穿庭，三进登堂，不仅重现了传统名门居住礼制，而且糅合了府门深庭的沉闷。

月洞墙后曲径通幽，左右两旁绿植掩映，石灯交错，道路由跳色的石板路延伸至后院，让人情不自禁想要继续探足。

曲径通幽之后豁然开朗，柳暗花明，此处客厅面临高山流水，右侧具禅亭赏鱼及享山水之乐，左侧则面对禅亭的画中山水，处处有景可赏，有路可循。在这一处小小的后院中，同时融合了瀑布、假山、鱼池、亭子、平台、景墙等诸多元素，足以见到设计师的匠心。

整个禅亭飘然水上，于山水的环抱之中，清泉流响，鱼戏莲花，茶香四溢。在细节构造方面，亭子坐落在架于池中的平台上，鱼池采用了四级净化系统容纳其中。设计师抽掉了主座下的挑板，转而以钢化玻璃为底，视线可以直透水底，整个座位好似漂在水上。当主人为宾客斟茶时，不经意的一瞥便可看见几尾锦鲤在脚边打转，实在是赏心悦目。

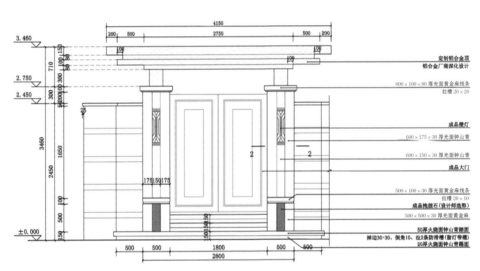

入户门楼正立面图

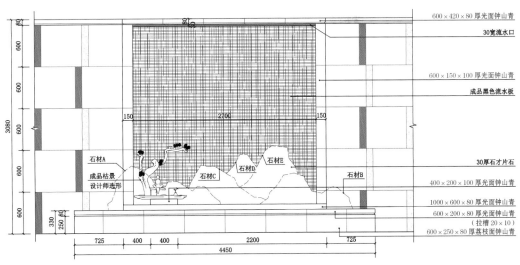

流水墙立面图

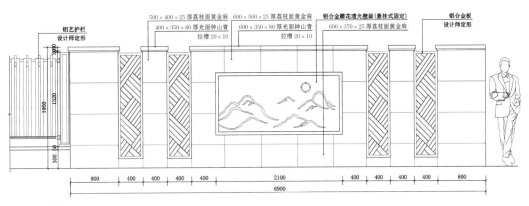

景墙立面图

浪琴山
私家花园

项目地点：湖南省长沙市
花园面积：260m^2

设计风格：新中式
工程造价：85 万
施工周期：180 天
设 计 师：徐学文、潘平
设计、施工单位：长沙虫二景观有限公司

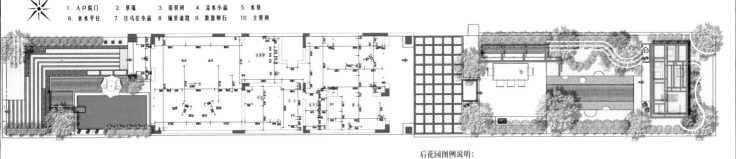

前花园图例说明:

1. 入户院门　　2. 景墙　　3. 造景树　　4. 流水小品　　5. 水景
6. 亲水平台　　7. 拴马庄小品　　8. 铺装道路　　9. 散置卵石　　10. 主景树

后花园图例说明:

1. 特色铺装　　2. 对景树　　3. 操作台（烧烤）　　4. 休闲廊架　　5. 趣味秋千
6. 休闲条凳　　7. 阳光木栈道　　8. 儿童沙坑　　9. 特色花墙　　10. 景观小品
11. 休闲亭（茶室）

项目概况

项目地处长沙市城中别墅小区，建筑为现代简约风格。本案为功能型花园空间营造，由前花园和后花园两部分组成，地块较为方正。前花园以造景为主，后花园以休闲活动为主。

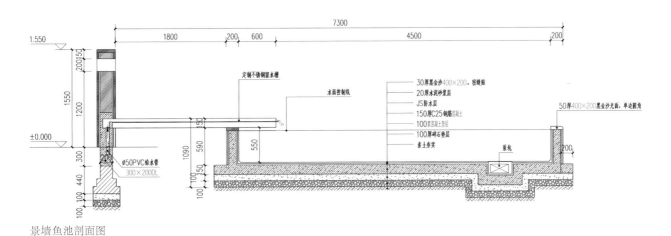

景墙鱼池剖面图

设计说明

　　前花园主要以水景为主，结合建筑外形、材质与色调，融合室内空间的动线，营造较好的观景与入户迎宾效果。在空间布局上，处理好材质及造景细节，合理搭配植物，人性化设置隐形排水沟、休闲木平台，隐藏处理设备，营造怡人的空间氛围，打造诗意栖居空间。

　　注重功能的后花园设有户外餐厅、户外操作台（移动烧烤、户外洗手台）、儿童沙坑、木桥栈道和茶室。空间布局清晰，功能丰富，流线通畅。户外餐厅是后花园的核心活动区。

　　花园应用的主要材料有花岗岩、不锈钢、铝艺、灯具、耐候发光板。主要植物品种有本地黑松、无刺构骨、罗汉松、羽毛枫、果石榴、原生紫薇等。

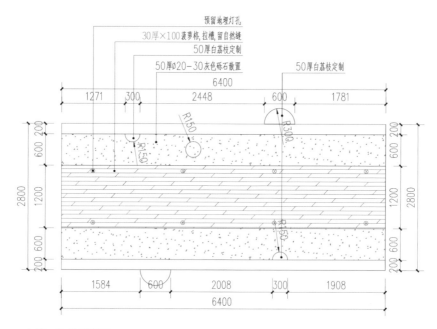

木桥、沙坑平面图

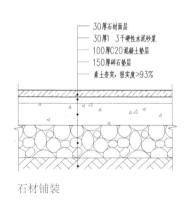

石材铺装

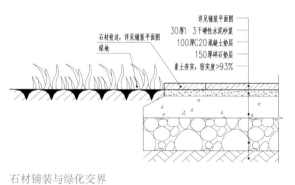

石材铺装与绿化交界

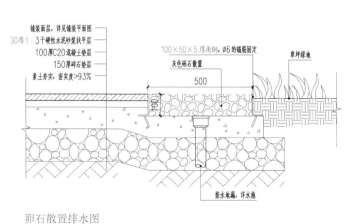

卵石散置排水图

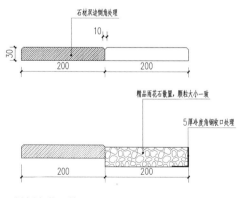

石材倒角收口处理

临淄屋顶花园

项目地点：山东省淄博市
花园面积：45m²

设计风格：新中式
工程造价：18 万
施工周期：30 天
设 计 师：胡杏
设计单位：北京陌上景观工程有限公司

项目概况

位于顶楼的屋顶花园，其建筑为徽式风格，景观路径呈 L 形分布。庭院游走视线由东（建筑出入口）向西（盆景池至末端景观造型灯）、由北（砂砾园石板汀步路）至南（休闲凉亭），沿路设置有实用性能强大的拖把池、禅味十足的洗手钵、端庄可爱的小涌泉。

设计说明

风格方面，考虑到周围环境，将其定位为新中式风格，主体色调采用白色和深灰色跟建筑形成呼应，营造出"雅"的氛围。屋顶空间比较小巧，在空间分割上应简洁明快，采用前景、中景、远景三部分构成景观层次，以白沙代表溪流、置石代表高山，营造出灵动的禅意山水画面。

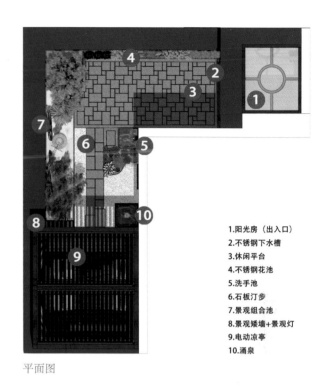

平面图

1.阳光房（出入口）
2.不锈钢下水槽
3.休闲平台
4.不锈钢花池
5.洗手池
6.石板汀步
7.景观组合池
8.景观矮墙+景观灯
9.电动凉亭
10.涌泉

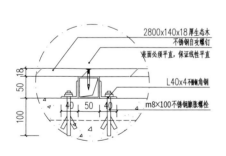

木平台节点做法

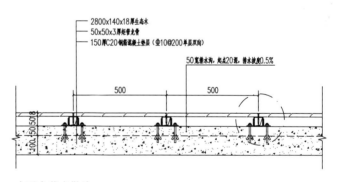

木平台节点做法

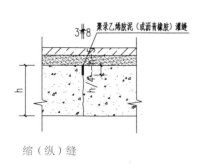

缩（纵）缝

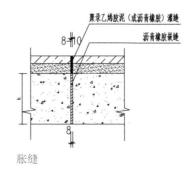

胀缝

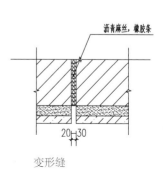

变形缝

世外桃源

项目地点：浙江省杭州市
花园面积：2000m²

设计风格：新中式
工程造价：100 万
施工周期：180 天
设　计　师：张成宬
设计单位：杭州漫园园林工程有限公司

项目概况

　　别墅建筑外观为地中海式，庭院设计将前院、后院、侧院"三院合一"，空间面积庞大，大气简洁，有较多的设计空间。

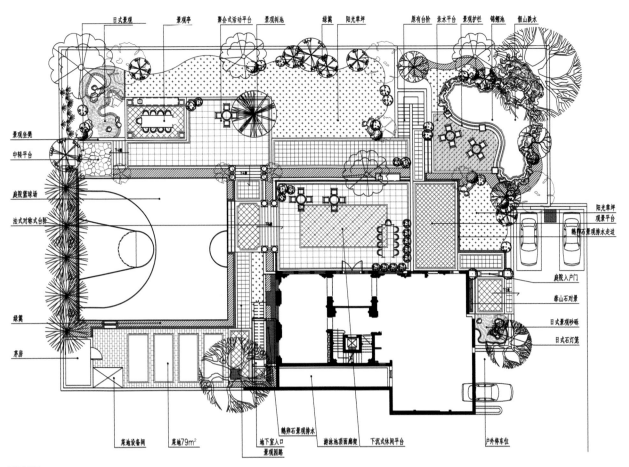

日式景观　景观亭　聚会式活动平台　景观镜池　绿篱　阳光草坪　原有台阶　亲水平台　景观护栏　锦鲤池　假山跌水

景观坐凳
中转平台
庭院篮球场
法式对称式台阶
绿篱
茶房

阳光草坪观景平台
鹅卵石景观排水走道
庭院入户门
泰山石对景
日式景观砂砾
日式石灯笼

菜地设备间　菜地79m²　地下室入口景观园路　鹅卵石景观排水　游泳池顶面廊架　下沉式休闲平台　户外停车位

平面图

设计说明

　　为与地中海式建筑外形体现的自然格调相协调，本案在庭院设计上采用了同样体现自然特质的新中式风格，并根据业主要求设立了篮球场，闲暇之余，来一场亲子互动，丰富业余生活。

　　世外桃源是一种心境，是本案设计的主题。嵌入山水，融入自然，觅一份超脱都市的性情。避开喧嚣，独居一隅，心游万仞，目极八方，让疲惫之身遁入自然之境。山、石、树木合理配置，曲径通幽之处尽显匠心独运，庭院显得清幽而宁静。

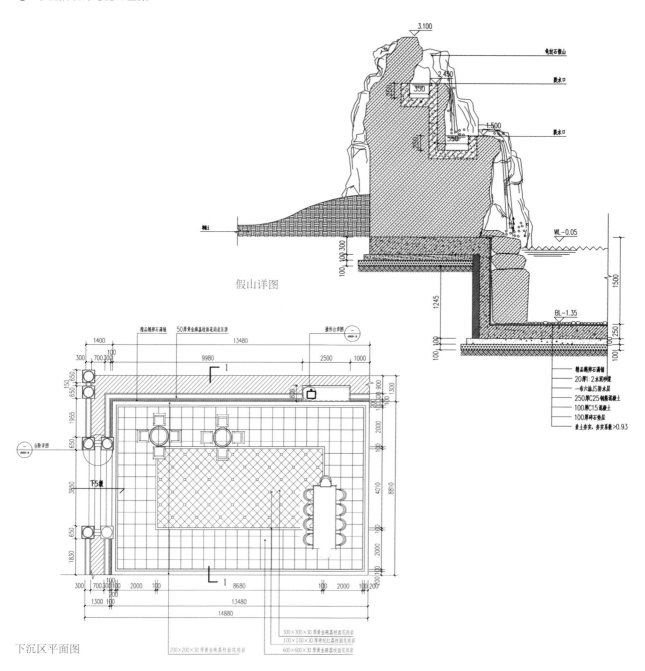

假山详图

下沉区平面图

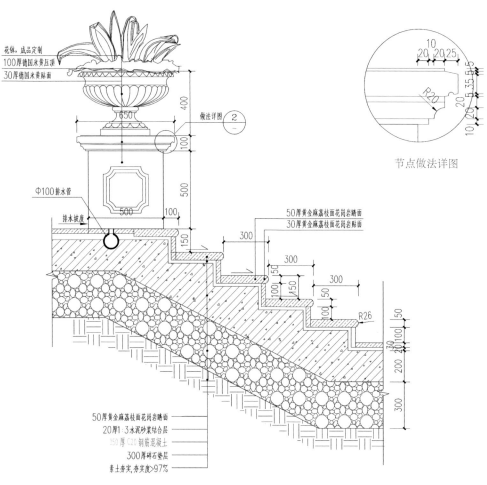

花钵，成品定制
100厚德国米黄压顶
30厚德国米黄贴面

做法详图 ②

650

400

100

Φ100排水管
500
100
500

排水坡度

500

150

做法详图

10
20 20 25

R20

20

5.35 5.35

10 20

节点做法详图

50厚黄金麻荔枝面花岗岩踏面
30厚黄金麻荔枝面花岗岩贴面

300

300

300

50
150
100

50
100

R26

50
30
20 100 20

200

300

50厚黄金麻荔枝面花岗岩踏面
20厚1:3水泥砂浆结合层
150厚C20钢筋混凝土
300厚碎石垫层
素土夯实,夯实度>97%

标准台阶详图

王塘庄
雅居小院

项目地点：河北省廊坊市
花园面积：487m²

设计风格：新中式
工程造价：200 万
设 计 师：李长志 、杨泽
设计单位：北京海跃润园景观设计有限责任公司

项目概况

本案作为私人自建房，建筑为中式传统四合院，由东、西两个四合院组成，中间由月亮门相连。

设计说明

本项目在庭院设计上采用新中式风格，展现古典园林的魅力及传统文化的回归。传统中式园林讲究精雕细刻、典雅含蓄，而新中式风格则摒弃了一些过度繁杂的装饰，选用比较简洁的设计元素来替代。新中式风格将中式元素和现代设计两者有机结合，其精华之处在于以内敛沉稳的古意为出发点，既能体现中国传统神韵，又具有现代设计的独特魅力。

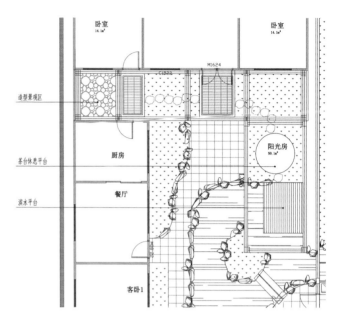

平面图

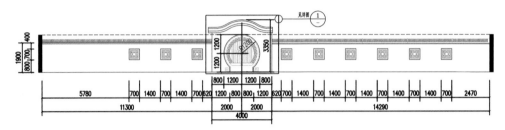

围墙立面图

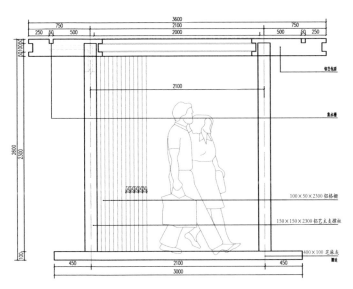

观鱼池景亭侧剖面图

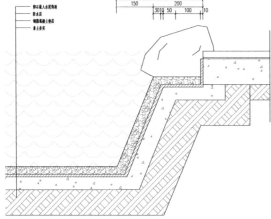

鱼池剖面图

壹号庄园别墅

项目地点：北京市
花园面积：1000m²

设计风格：新中式
工程造价：200 万
施工周期：120 天
设 计 师：阿炳
设计单位：北京海跃润园景观设计有限责任公司

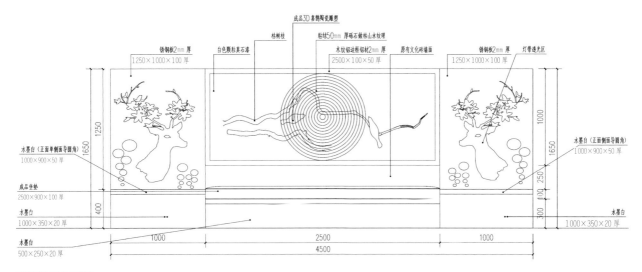

后院景墙立面图

项目概况

本案位于北京市昌平区，距首都国际机场13.8千米，别墅区东侧靠近未来科学城滨水公园，北侧靠近拉斐特城堡酒店，自然资源丰富，绿化率高，空气质量较好。

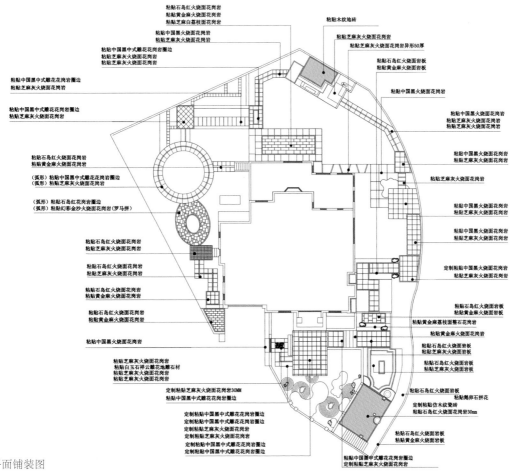

总平面铺装图

设计说明

    庭院设计方面，采用现代手法，增加了中式元素，摒弃奢华与烦琐，创造放空于形、意寓于境的景观空间，在视觉焦点与空间元素之间体现人文与艺术的层次感。以特有的空间组织形态，创造独一无二的记忆场所，表达东方禅韵与西方硬朗线条相融的极致美学，打造水源林居、阳光溪居、温氧森居的康养庭院生活。

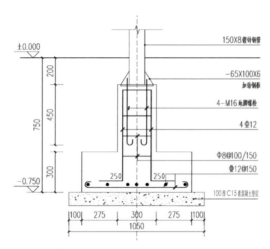

柱基础配筋图

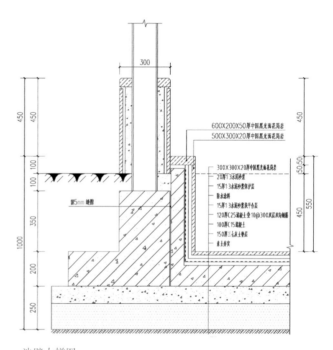

池壁大样图

万象华府

项目地点：浙江省宁波市
花园面积：286m²

设计风格：新中式
工程造价：52.6万
施工周期：12个月
设　计　师：高习玲
设计单位：溢绿花园

项目概况

项目为别墅庭院，建筑外观是现代风格，庭院呈 C 字形环绕建筑，南面为庭院及建筑入口。

设计说明

本案在庭院设计上采用新中式风格，在满足业主功能需求的条件下，以简洁的线条、简便的维护和易于养护的造型植物为特色，结合大胆的几何造型、光滑的质地和简洁的植被，来创造富有戏剧性结构和特性的庭院。

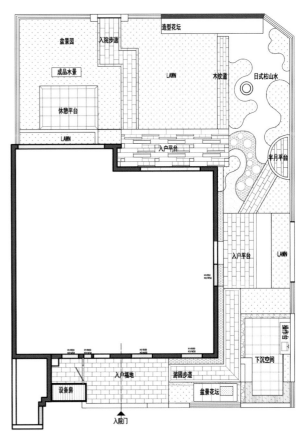

平面图

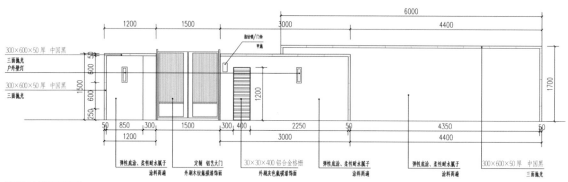

照壁景墙平面图

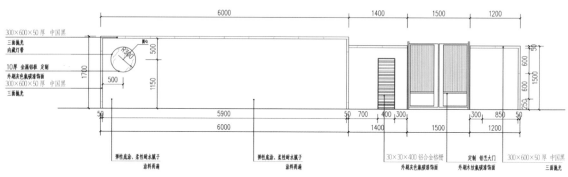

壁炉立面图

现代简约
风格

丽日天鹅湖别墅

项目地点：广东省佛山市
花园面积：2300m²

设计风格：现代简约
工程造价：300 万
施工周期：150 天
设 计 师：梁振华、郑宗鑫、吴梓珊
设计单位：佛山天度景观设计有限公司

项目概况

该别墅小区自然资源完好,是一块坐山拥水的风水宝地,所以设计者也按高尚、生态的景观要求进行规划设计。

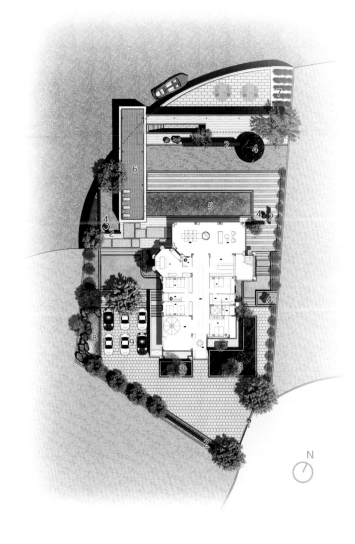

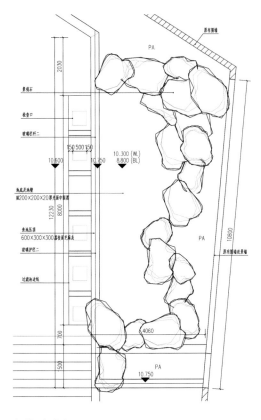

鱼池平面图

1. 主入口　　2. 景墙　　3. 叠级花基　　4. 雕塑　　5. 游泳池

6. 廊架　　7. 菜地　　8. 景观鱼池　　9. 停车场

设计说明

设计师采用现代的设计手法,将景观化繁为简,利用简洁的线条交错分布,形成极具设计感且舒适的景观空间。在户外的空间上设置特色水景、廊架、景墙等,提升整体景观氛围,再放置清新淡雅的户外软装,配合干净、层次分明的织物搭配,营造出兼具现代时尚和舒适宜人的户外景观花园。

国悦山
别墅

项目地点：重庆市
花园面积：186m²

设计风格：现代简约
设 计 师：李梦星
设计单位：重庆心苑庭院空间园艺有限公司

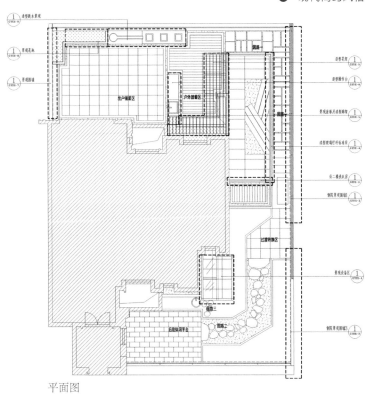

平面图

项目概况

本案花园呈 C 字形，三面环绕建筑。在沟通交流中，业主表示喜欢现代温馨的花园风格，同时也希望花园干净整洁、易于打理。

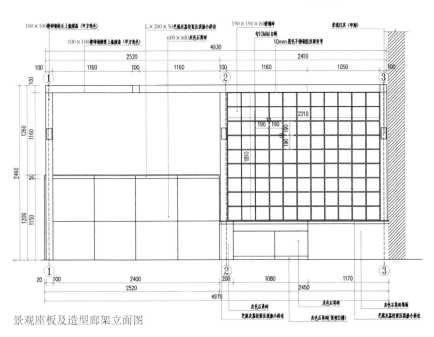

景观座板及造型廊架立面图

设计说明

本案结合现场情况与业主需求，将前院作为花园的主要活动区域，由平台、操作台及吧台组成，以大面积的石材铺装与直线营造现代感，用木质材料增添温馨感，灵动感则以涌泉水景来烘托。

侧花园部分下沉，以简洁为主，一棵造型树、几块景石，配上舒适的吊椅，是女主人喜爱的私密空间。

与侧花园相连的后花园，以景观花池与菜地相结合，既能观赏，又可以享受种菜的乐趣。

整个花园没有过多繁杂的元素，将功能性与美观性结合得当，既能满足一家人的日常休闲，又能多出一个舒适的户外活动空间。

港闸白鹭郡

项目地点：江苏省南通市
花园面积：约 100m²

设计风格：现代简约
工程造价：约 15 万
施工周期：60 天
设 计 师：杨康虎
设计单位：江苏我家花园景观园林有限公司

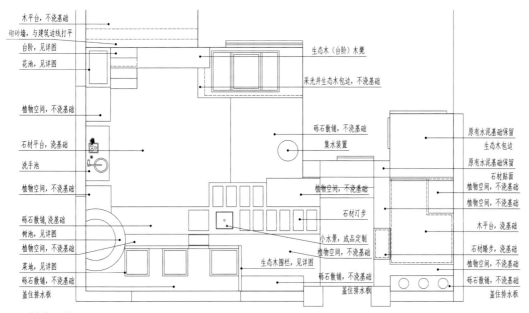

木平台,不浇基础
砌砖墙,与建筑边线打平
台阶,见详图
花池,见详图
生态木(台阶)木凳
采光井生态木包边,不浇基础
植物空间,不浇基础
砾石散铺,不浇基础
集水装置
石材平台,浇基础
洗手池
原有水泥基础保留
生态木包边
原有水泥基础保留
石材贴面
植物空间,不浇基础
植物空间,不浇基础
植物空间,不浇基础
木平台,浇基础
砾石散铺,浇基础
树池,见详图
植物空间,不浇基础
菜地,见详图
砾石散铺,不浇基础
盖住排水板
石材汀步
小水景,成品定制
植物空间,不浇基础
生态木围栏,见详图
砾石散铺,不浇基础
盖住排水板
石材踏步,浇基础
植物空间,不浇基础
砾石散铺,不浇基础
盖住排水板

一楼施工说明

项目概况

港闸白鹭郡的建筑为现代简约风格,由南院和地下室组成,南院为主要休闲生活区域,地下室主要是茶室,西侧院为连接南院与地下室的通道,主入口在南院。

设计说明

本案在庭院设计上采用现代风格,呈现简洁、时尚的景观效果,以原木色和浅灰色为基调。功能方面,满足户外用餐、喝茶、待客、洗晾的需求,既表现花园的景致,又满足生活所需。

在实际操作中,通过质感、体量、色彩、光影、线条等要素的变化与对比,景观呈现出一定的韵律与节奏,形成强烈的空间层次感。

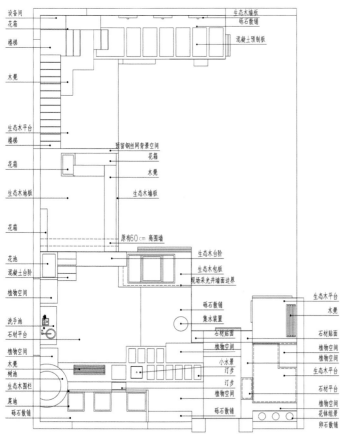

设备间
花箱
楼梯
木凳
生态木平台
楼梯
花箱
生态木地板
花箱
花池
混凝土台阶
植物空间
洗手池
石材平台
植物空间
木凳
树池
生态木围栏
菜地
砾石散铺

生态木墙板
砾石散铺
混凝土预制板
保留钢丝网背景空间
花箱
木凳
生态木墙板
原有60cm高围墙
生态木台阶
生态木包板
现场采光井墙面边界
砾石散铺
集水装置
石材贴面
植物空间
植物空间
小水景
汀步
汀步
植物空间
砾石散铺
卵石散铺

生态木平台
木凳
石材贴面
石材平台
生态木平台
石材平台
植物空间
花体组合

平面图

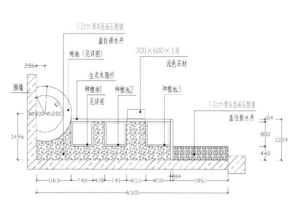

1-2cm青灰色砾石散铺
盖住排水井
树池(见详图)
300×600×18
浅色石材
围墙
种植池1 见详图
种植池2
种植池3
生态木围栏
1-2cm青灰色砾石散铺
盖住排水井

一楼菜地详图

东湖观邸

项目地点：浙江省宁波市
花园面积：128m^2

设计风格：现代简约
工程造价：17.6 万
施工周期：60 天
设 计 师：高习玲
设计单位：溢绿花园

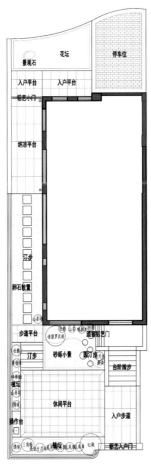

平面图

铺装物料图

花坛芝麻黑压顶
花坛芝麻白贴面
红色透水砖
红色透水砖套造

芝麻白

芝麻白

芝麻白

黑色碎石散置

芝麻白

芝麻白

黑色砂砾散置
芝麻白
芝麻白
芝麻白
操作台芝麻黑压顶
操作台芝麻白贴面
芝麻黑

台阶踏步黄锈石贴面压顶

花坛芝麻黑压顶
花坛芝麻白贴面
花坛芝麻黑压顶

门柱樱花红贴面压顶

景观石   花坛   停车位
入户平台 入户平台
铝艺小门
纳凉平台

汀步

卵石散置

步道平台   造型罗汉松   造型铝艺门
杜鹃   汀步   砂砾小景   圆汀步
植坛   白阶踏步
操作台   休闲平台   入户步道
三角梅 棕榈 棕榈 球兰 杜鹃 龙血树 红枫   铝艺入户门

项目概况

东湖观邸朱府为别墅庭院，建筑是现代风格，庭院呈 C 字形环绕建筑，南面为庭院及建筑入口。

设计说明

本案在庭院设计上采用现代风格，前院为主人营造了一个舒适的休憩空间，后院则以停车位和景观为主。设计上比较注重实用性，摒弃了较为繁杂的装饰。植物占比较少，主要以方便打理的硬质铺装为主，视觉的色彩冲击不强烈，整体感觉较为素雅。

翡翠四季

项目地点：北京市
花园面积：57m²

设计风格：现代简约
工程造价：23 万
施工周期：60 天
设 计 师：包乌仁
设计单位：北京海跃润园景观设计有限责任公司

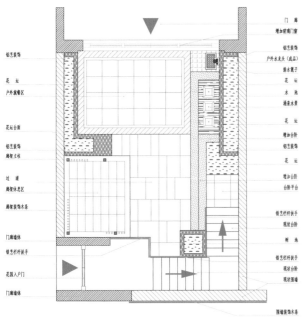

总平面图

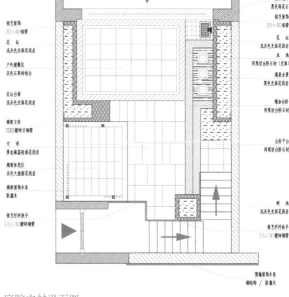

庭院主材平面图

项目概况

项目位于北清路前沿科创发展轴和中关村大街高端要素集聚发展轴的交汇处，是海淀北部的核心发展区。

设计说明

本案庭院展现出现代的简洁感与设计感，通过对现场勘察，以及理解甲方需求的基础上，打造出极富时尚气息的景观空间。

在整体设计中，线条元素和留白淋漓尽致地体现在墙面、铺装、格栅甚至室外家具的装饰上，简练而富有节奏，立体层次有条不紊。一切装饰均以人为本，使用极为简洁的模块化样式，如片状、直线条等。考虑到面积限制，省去了过于烦琐的装饰。打造这样的景观空间时，也要注重品质感，时尚耐看，才能营造出简约风格的精髓。

公园 1903
康缇庭院

项目地点：云南省昆明市
花园面积：400m²

设计风格：现代简约
工程造价：50 万
施工周期：180 天
设 计 师：杨青波
设计单位：云南蓝天园林绿化工程有限公司

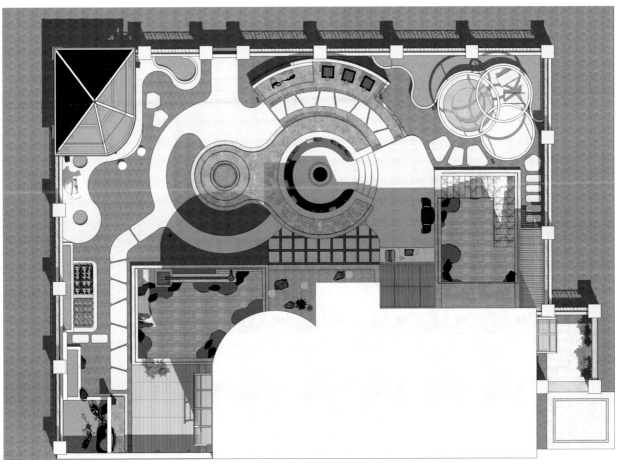

平面图

项目概况

项目位于昆明西山滇池国家旅游度假区内，花园面积约 400m²，室内装修为现代风格。

设计说明

项目定位为现代简约风格，整体景观通过自由流畅的线条来体现，营造出私家花园的可视性、趣味性和功能性，使户主足不出户就能体验烧烤、泡澡、聚会、观景和品茶的乐趣。

空间注重功能分区和景观营造，通过科学、合理的空间分布，以水景作为整个花园的主景观，用创新的方式打造出烧烤区、泡池区。植物贯穿整个活动区域，形成多样的景致。强调乔木、灌木、地被、草地的多层次组合，通过常绿、落叶植物的合理搭配，营造高低错落的群落层次，给人以美的享受。

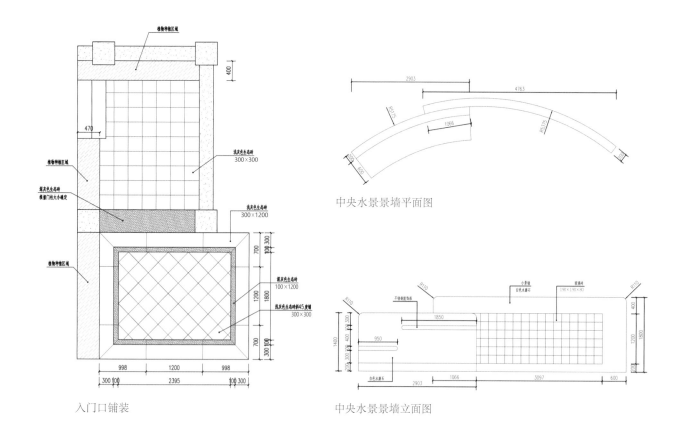

入门口铺装

中央水景景墙平面图

中央水景景墙立面图

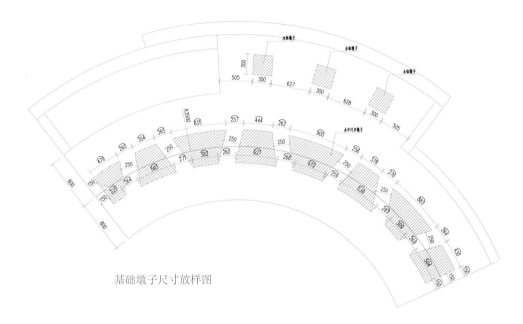

基础墩子尺寸放样图

观山鸿郡
私家花园

项目地点：江苏省无锡市
花园面积：210m²

设计风格：现代简约
工程造价：28 万
施工周期：60 天
设 计 师：文伟
设计单位：无锡卓越园林景观有限公司

项目概况

　　项目面积适中，院子整体呈C字形。业主希望能在院中休闲，需要有草坪空间和观赏的水景。此外，业主很喜欢花园生活，希望院子打造后能够实现烧烤、运动、品茗和读书的功能。

设计说明

　　设计师在规划整体布局时，以简洁明快的手法进行表达，用大面积的留白和流畅的线条来实现现代庭院生活的雅致和仪式感。此项目的主题为"Beyond Blue"，用休闲区穿插的蓝羊茅作为庭院的文化凝练物，以不食人间烟火的莫兰迪色来寓意庭院的淡然气质。考虑到业主的功能需求和项目整体条件，硬质铺装以石英砖为主，用规整的方式铺设，其间用砾石、草坪做了穿插和打破。

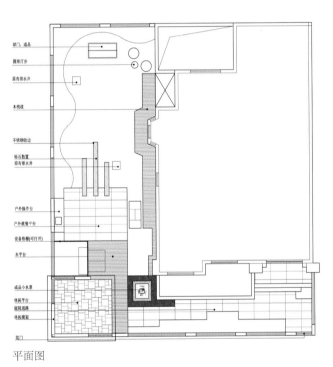

球门，成品
圆形汀步
原有排水井
木栈道
不锈钢收边
砾石散置
原有排水井
户外操作台
户外就餐平台
设备格栅(可打开)
水平台
成品小水景
休闲平台
庭院连廊
休闲廊架
院门

平面图

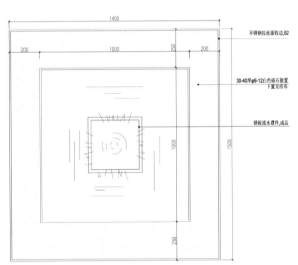

不锈钢拉丝面收边,&2

30-40厚φ9-12白色砾石散置
下置无防布

锈板流水摆件，成品

流水摆件详图

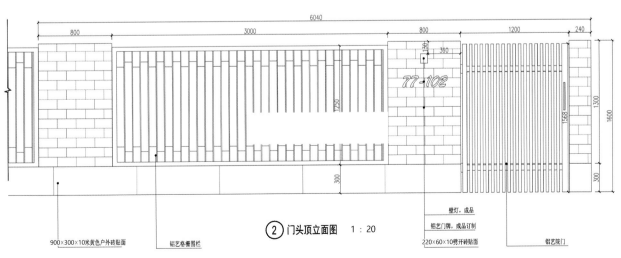

900×300×10米黄色户外砖贴面

铝艺格栅围栏

② 门头顶立面图　1：20

壁灯，成品

铝艺门牌，成品订制

220×60×10劈开砖贴面

铝艺院门

门头顶立面图

合能公馆

项目地点：陕西省西安市
花园面积：260m²

设计风格：现代简约
工程造价：56 万
施工周期：100 天
设 计 师：李娜、高海耀
设计单位：品壹禾景观

项目概况

合能公馆花园属于整栋楼的边户，西侧空间大而规整，南侧花园向外通往户外园林。

设计说明

这个具有高低落差的现代别墅花园，主要采用防腐木、石英砖以及文化石作为庭院主材，规则的地面铺装营造出简洁的时尚感，铺装之间带有草坪装饰。

整个花园放眼望去，绿色的植物、精美的花境、规整的绿篱、有棱有角的休闲座椅……让人觉得很是治愈。

1 入室平台
2 廊架
3 汀步
4 石组
5 松影
6 水蕴
7 茶亭
8 阳光草坪
9 洗手台
10 休憩平台
11 花径
12 入户平台

平面图

植物配置图

庭园铺装图

华府庄园

项目地点：江苏省无锡市
花园面积：120m²

设计风格：现代简约
工程造价：35 万
施工周期：60 天
设 计 师：文伟
设计单位：无锡卓越园林景观有限公司

项目概况

　　该院位于无锡华府庄园别墅社区，面积不大，业主偏爱现代风格，注重庭院的功能性与私密性，希望设计能具有一定特色。

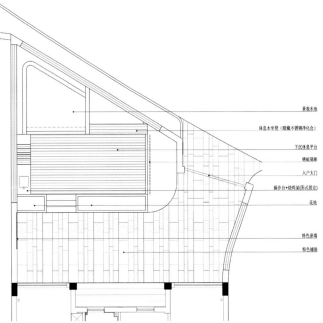

庭院平面图

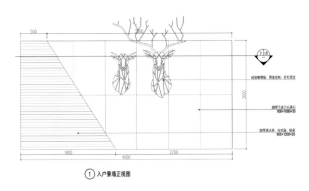

① 入户景墙正视图

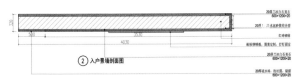

② 入户景墙剖面图

入户景墙施工图

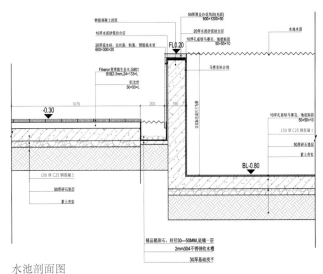

水池剖面图

设计说明

　　花园以规整的线条勾勒出现代气息，以黑、白、灰色调相组合，并通过下沉的手法，在城市森林中打造"邻虽近俗，门掩无哗"的庭院空间。

　　西南以锦鲤池为观赏主体，池壁一侧种植造型罗汉松，并于松下点缀黑山石，用水的灵动、鱼的生趣为庭院平添一抹清明。

　　西侧用大面积的佛甲草体现自然感，让人感受到环境的清净与平和。南侧的集成式烧烤台非常契合业主的生活习惯，每天早晨在院中听音乐、煎牛排是标配。不锈钢的材质易于使用和打理，并和花园整体风格相协调。

　　东侧以台阶和花池作为庭院的边界，体现出花园会客厅的理念，让人感觉步入独立的空间，但又隔而不断，与户外空间整体融合。

　　北侧设立了与护栏同材质的屏风，既与护栏互相呼应，又通过羽毛枫的种植弱化材质的刚性感觉。屏风下点缀绣球，点睛出绚烂的风情。

金地九珑壁别墅

项目地点：广东省佛山市
花园面积：90m²

设计风格：现代简约
施工周期：100 天
设 计 师：梁振华、吴梓珊
设计单位：佛山天度景观设计有限公司

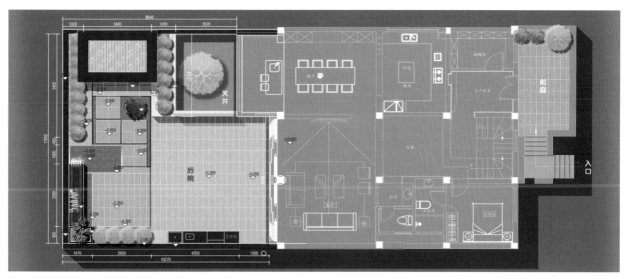

平面图

项目概况

别墅位于市区中心，由入户前花园和后院（主庭院）组成。后院南向，两侧与邻居花园相邻，光照充足，地势平坦。

业主年轻有为，有两个可爱的小公主，追求简约的生活方式，希望花园有花可赏、有景可观、有小孩的一方乐土，还有三两知己细品咖啡的空间以及聚会的地方。

设计说明

前花园为入户的过渡空间，面积不大，适合采用自然式花境进行造景。

后花园以满足业主的使用功能为主，地面与墙体运用深、浅色调的饰面材料，形成强烈对比。

西边的水景与起居空间呼应，是室内空间的一道对景。水顺着不锈钢出水口由上而下流出，形成帘状水幕，落到水钵上，再流进鱼池里。小鸟雕塑在和鱼儿互动，水流声仿佛成为它们交流的语言，轻松而不嘈杂。廊架设在院子的西北方，采用氟碳喷涂上色制作而成，灯管与廊架格栅合二为一，极为协调。

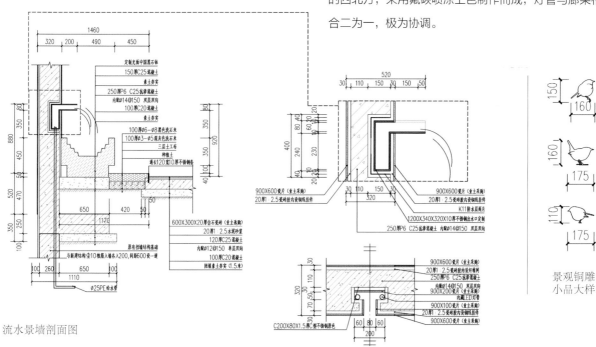

流水景墙剖面图

景观铜雕小品大样

莱太
中心景观

项目地点：北京市
花园面积：170m²

设计风格：现代简约
工程造价：60 万
施工周期：30 天
设 计 师：彭嘉烨
设计单位：北京市海跃润园景观设计有限责任公司

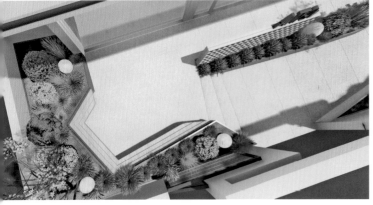

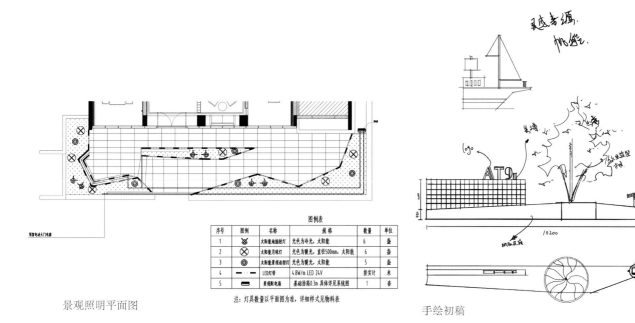

序号	图例	名称	规格	数量	单位
1		太阳能地埋射灯	光色为冷光，太阳能	6	盏
2		太阳能月球灯	光色为暖光，直径500mm，太阳能	6	盏
3		太阳能景观造型灯	光色为暖光，太阳能	5	盏
4		LED灯带	4.8W/m LED 24V	按实计	米
5		景观配电箱	基础抽高0.3m 具体详见系统图	1	套

图例表

注：灯具数量以平面图为准，详细样式见物料表

景观照明平面图

手绘初稿

项目概况

此项目为招商中心的景观设计项目，建筑外观为现代风格，场地整体呈长方形。

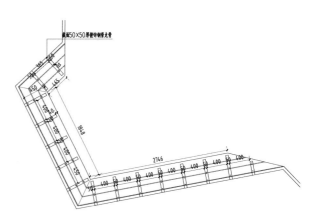

景观木坐凳平面图

设计说明

本案在设计中采用现代风格，旨在打造一处悠然的城市隐逸之所。通过对项目的深层解读，利用"船"与"水"的元素，从中提炼出抽象的线条符号，充分运用到场地环境之中，从构成形式、空间氛围、细节等处打造呈现几何美学的景观空间。

设计中，线条符号始终贯穿于流动幽径与缤纷花境之中，再点缀以现代景观小品，使空间更富灵动性，寓意着工作逐渐走向开阔与明朗，体现出一种积极向上的人生态势。

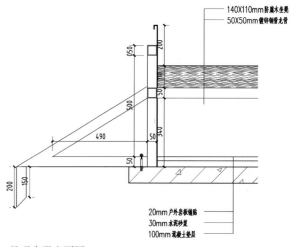

景观坐凳立面图

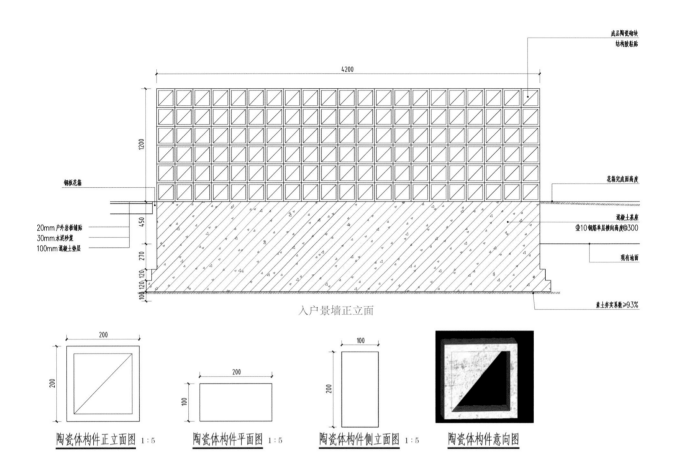

入户景墙正立面

成品陶瓷砌块
结构胶粘贴

花箱完成面高度

混凝土基座
Φ10钢筋单层横向高高度@300

现有地面

素土夯实系数≥93%

钢板花箱

20mm 户外岩板铺贴
30mm 水泥砂浆
100mm 混凝土垫层

4200

1200

450

270

120

100

200

200

陶瓷体构件正立面图 1:5

200

100

陶瓷体构件平面图 1:5

100

200

陶瓷体构件侧立面图 1:5

陶瓷体构件意向图

时倾海岸

项目地点：浙江省杭州市
花园面积：610m²

设计风格：现代简约
工程造价：165 万
施工周期：120 天
设 计 师：周涟涟
设计单位：杭州市壹生造园景观设计工程有限公司

项目概况

　　该庭院位于某湖边的高档别墅区，小区建筑及所涉及别墅均为法式简约风格。南边为湖，北边靠山，小区内交通便利，居于此，有一种诗意江南的味道。

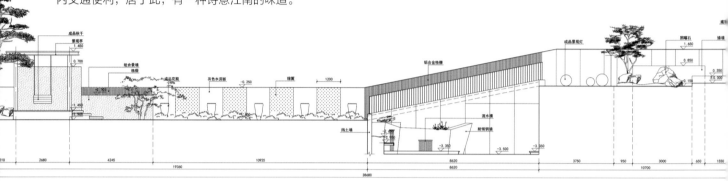

立面图

设计说明

　　本项目采用现代设计，满足业主对生活品质的需求，在此基础上，又带有些许法式浪漫。设计中采用借景、对景、下挖、抬升等造园艺术手法，以人为本，把物质要求与精神层面通过景观串联起来。

　　耗费心血构造的庭院景观是一种人为艺术，包括人们对生活的向往与期许，而自然形成的山水、湖泊和海洋，则是大自然的杰作。在这里，人与自然和谐共生，创作的艺术在这里得到完美展现。

01．木平台	07．艺术小品	13．阳光草坪
02．灰色砾石	08．特色台阶	14．大板台阶
03．镂空景墙	09．艺术景墙	15．下沉空间景观
04．明堂铺装	10．园路	16．耐候钢盆景台
05．户外休闲座椅	11．景观亭	
06．艺术碎拼	12．生态菜地	

景观面积：610 m²
建筑面积：155 m²

平面图

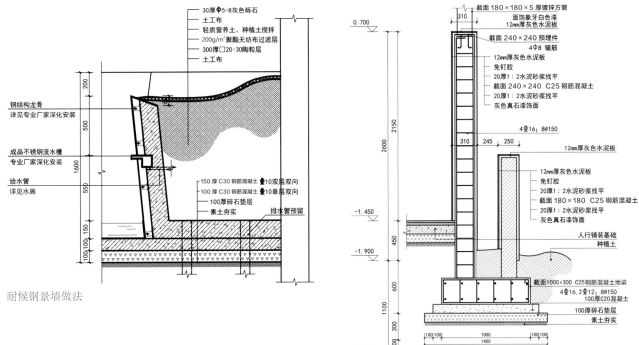

耐候钢景墙做法

30厚Φ5-8灰色砾石
土工布
轻质营养土、种植土搅拌
200g/m²聚酯无纺布过滤层
300厚□20-30陶粒层
土工布

钢结构龙骨
详见专业厂家深化安装

成品不锈钢流水槽
专业厂家深化安装

给水管
详见水施

150厚 C30 钢筋混凝土 ⬮10双层双向
100厚 C30 钢筋混凝土 ⬮10单层双向
100厚碎石垫层
素土夯实
排水管预留

200
500
1600
550
100 100 150

截面180×180×5厚镀锌方管
面饰象牙白色漆
12mm厚灰色水泥板
截面240×240预埋件
4ф8 锚筋
12mm厚灰色水泥板
免钉胶
20厚1:2水泥砂浆找平
截面240×240 C25钢筋混凝土
20厚1:2水泥砂浆找平
灰色真石漆饰面

4⏀16；8@150

12mm厚灰色水泥板

12mm厚灰色水泥板
免钉胶
20厚1:2水泥砂浆找平
截面180×180 C25钢筋混凝土
20厚1:2水泥砂浆找平
灰色真石漆饰面

人行铺装基础
种植土

截面1000×300 C25钢筋混凝土地梁
4⏀16,2⏀12；8@150
100厚C20混凝土
100厚碎石垫层
素土夯实

0.700
310
2150
2600
310 245 250
-1.450
-1.900
450
600
1100
-3.000
300
100 100 1000 100 100
1400

组合背景墙剖面图

绿都万和城 庭院

项目地点：江苏省常州市
花园面积：198m²

设计风格：现代简约
工程造价：48 万
施工周期：180 天
设 计 师：徐昊
设计单位：悠境景观设计工程（常州）有限公司

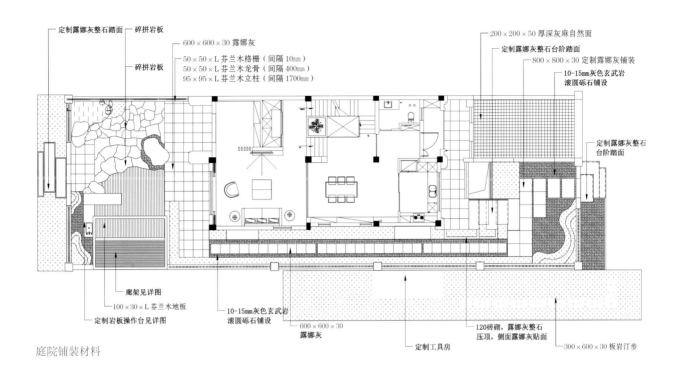

定制露娜灰整石踏面 —— 碎拼岩板
碎拼岩板
600×600×30 露娜灰
50×50×L 芬兰木格栅（间隔 10mm）
50×50×L 芬兰木龙骨（间隔 400mm）
95×95×L 芬兰木立柱（间隔 1700mm）
200×200×50 厚深灰麻自然面
定制露娜灰整石台阶踏面
800×800×30 定制露娜灰铺装
10-15mm灰色玄武岩滚圆砾石铺设
定制露娜灰整石台阶踏面

廊架见详图
100×30×L 芬兰木地板
定制岩板操作台见详图
10-15mm灰色玄武岩滚圆砾石铺设
600×600×30 露娜灰
定制工具房
120砖砌，露娜灰整石压顶，侧面露娜灰贴面
300×600×30 板岩汀步

庭院铺装材料

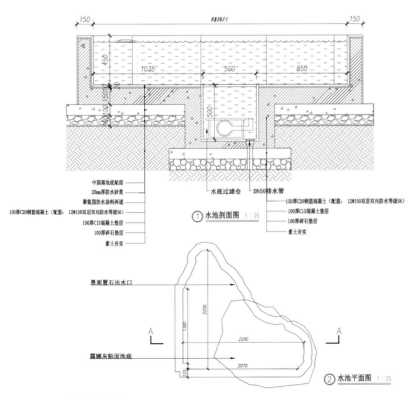

150 修复龙板尺寸 150
450
1035   500   850
中国黑池贴面
20mm厚防水砂浆
聚氨酯防水涂料两道
150厚C20钢筋混凝土（配筋：12#150双层双向防水等级S6）
100厚C15混凝土垫层
100厚碎石垫层
100厚碎石垫层
素土夯实

水底过滤仓
DN50排水管
150厚C20钢筋混凝土（配筋：12#150双层双向防水等级S6）
100厚C15混凝土垫层
100厚碎石垫层
素土夯实

① 水池剖面图 1:25

景观置石出水口
2200
1380
2290
露娜灰贴面池底
2070

② 水池平面图 1:25

水池平面图

项目概况

　　该项目是一个私人别墅庭院，建筑为现代简约风格的联排别墅边户，由南、北两个院子及东边侧院构成，前后高差较大。主入口及车库在北侧，通往小区主干道。次入口在南侧，通往小区花园园路。

设计说明

　　设计师将庭院设计定位为简洁、时尚的现代风格，造型简单，易于打理。设计中，把主要的休闲功能布置在空间较大的南院，在有限的空间范围内，模拟大自然中的美景，把建筑、山水、植物、现代廊架有机融合为一体，打造出一个适合休闲、放松的空间。

　　北院及东侧通道由于面积偏小，除保留主要的通行功能外，主要通过植物、铺装及假山石的布置，营造出一个富有层次的景观空间。

周生
屋顶花园

项目地点：湖北省咸宁市
花园面积：282m^2

设计风格：现代简约
工程造价：42 万
施工周期：160 天
设 计 师：张俊、吴飞
设计单位：湖北艺禾景观设计工作室

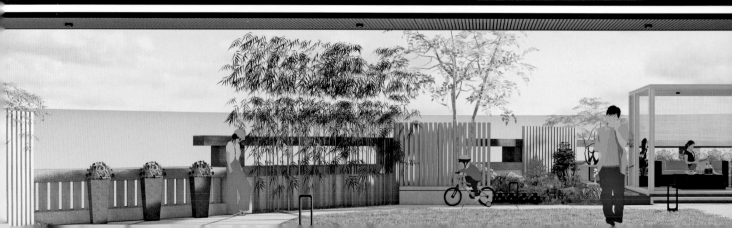

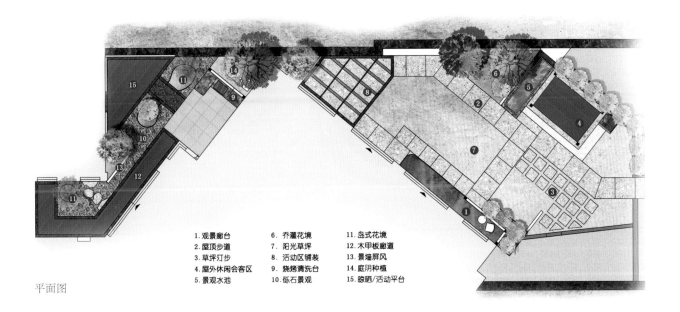

平面图

1. 观景廊台
2. 屋顶步道
3. 草坪汀步
4. 屋外休闲会客区
5. 景观水池
6. 乔灌花境
7. 阳光草坪
8. 活动区铺装
9. 烧烤清洗台
10. 砾石景观
11. 岛式花境
12. 木甲板廊道
13. 景墙屏风
14. 庭阴种植
15. 晾晒/活动平台

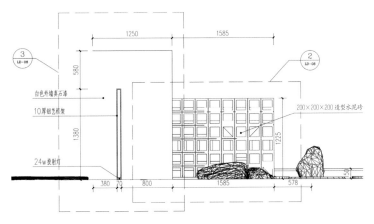

白色外墙真石漆
10厚铝艺植架
24w投射灯

200×200×200 造型水泥砖

小院景墙正立面

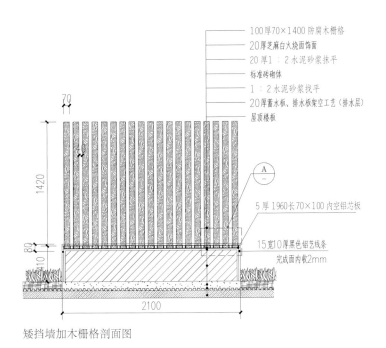

100厚70×1400 防腐木栅格
20厚芝麻白火烧面饰面
20厚1：2水泥砂浆抹平
标准砖砌体
1：2水泥砂浆找平
20厚蓄水板、排水板架空工艺(排水层)
屋顶楼板

5厚1960长70×100 内空铝芯板

15宽10厚黑色铝艺线条
完成面内收2mm

矮挡墙加木栅格剖面图

项目概况

该屋顶花园分为动、静两个分区，其中户外会客区是设计的重点，也是最能体现本屋顶花园重要的场所。

设计说明

动区的西南花园场地较大，与室内客餐厅相邻，以休闲、散步、会客为主要功能，无论是坐在木制平台的遮阳棚下还是站在多功能铺装上都是非常惬意的。水景作为重要节点，使得会客区更具生命活力。

静区的东南侧花园与卧室相邻，造景以静观为主，具有私密性，保证业主能多视角欣赏到庭院。其现代的格调与年轻业主的审美相吻合，功能满足了日常所需。

合理运用了小乔木、灌木、花卉及草本植物相互搭配，构筑适宜的绿植景观，所选品种多为适应本地气候的乡土树种。通过艺术的手法，充分发挥植物的形态、线条和色彩等，营造三季有花、四季有景的屋顶景观。

北京院子

项目地点：北京市
花园面积：75m²

设计风格：现代简约
工程造价：24 万
施工周期：60 天
设　计　师：包乌仁
设计单位：北京海跃润园景观设计有限责任公司

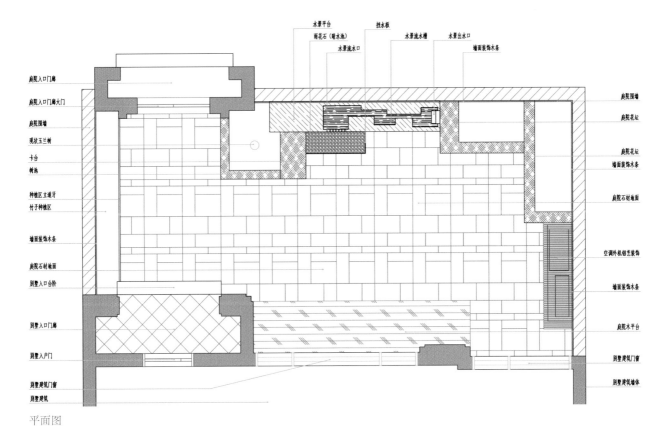

平面图

项目概况

项目紧邻京承、京平、机场高速，另有顺白路、顺黄路纵贯其中，紧邻地铁 15 号线孙河站，拥有"一铁双横四纵"的立体通达交通网，车行 20 分钟可到达中心都会商圈，10 分钟可到达首都国际机场。

设计说明

本案的庭院设计采用现代风格，展现出现代的简洁感与设计感，加上一些中式的小品元素加以点缀，共同营造出丰富、多变的景观空间，达到小小空间别有洞天的景观效果。

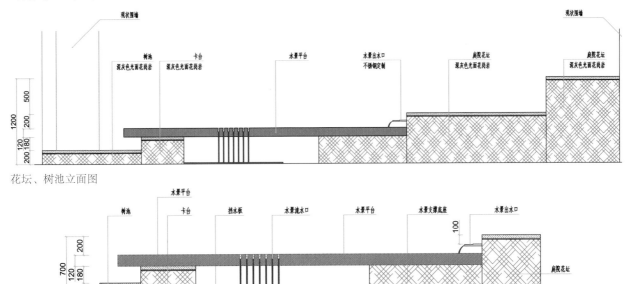

花坛、树池立面图

水景正立面图

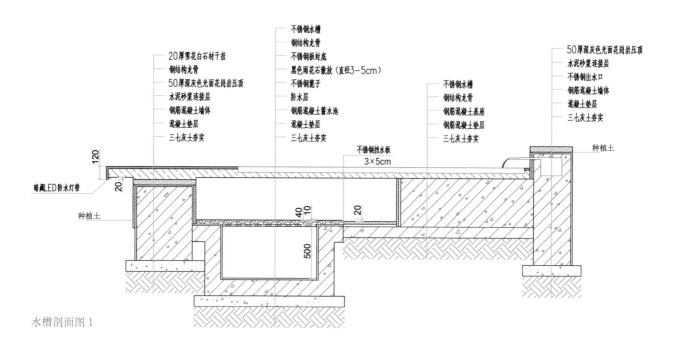

20厚雪花白石材干挂
钢结构龙骨
50厚深灰色光面花岗岩压顶
水泥砂浆连接层
钢筋混凝土墙体
混凝土垫层
三七灰土夯实

不锈钢水槽
钢结构龙骨
不锈钢板封底
黑色雨花石散放(直径3-5cm)
不锈钢篦子
防水层
钢筋混凝土蓄水池
混凝土垫层
三七灰土夯实

不锈钢水槽
钢结构龙骨
钢筋混凝土基座
钢筋混凝土墙体
三七灰土夯实

50厚深灰色光面花岗岩压顶
水泥砂浆连接层
不锈钢出水口
钢筋混凝土墙体
混凝土垫层
三七灰土夯实

不锈钢挡水板
3×5cm

暗藏LED防水灯带
种植土
种植土

120
20
40
10
20
500

水槽剖面图 1

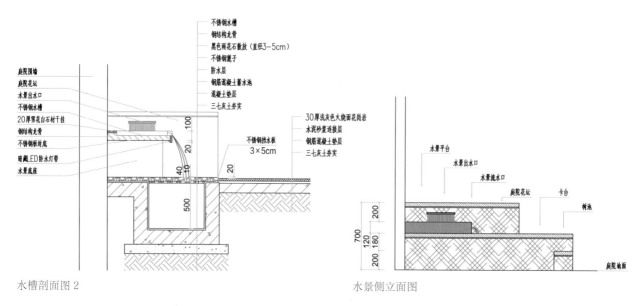

不锈钢水槽
钢结构龙骨
黑色雨花石散放(直径3-5cm)
不锈钢篦子
防水层
钢筋混凝土蓄水池
混凝土垫层
三七灰土夯实

庭院围墙
庭院花坛
水景出水口
不锈钢水槽
20厚雪花白石材干挂
钢结构龙骨
不锈钢板封底
暗藏LED防水灯带
水景底座

30厚浅灰色火烧面花岗岩
水泥砂浆连接层
钢筋混凝土垫层
三七灰土夯实

不锈钢挡水板
3×5cm

100
20
40
10
20
500

水槽剖面图 2

水景平台
水景出水口
水景流水口
庭院花坛
卡台
树池
庭院地面

200
700
120
180
200

水景侧立面图

现代自然
风格

壹号湖畔

项目地点：重庆市
花园面积：160m²

设计风格：现代自然
设 计 师：何艳
设计单位：重庆心苑庭院空间园艺有限公司

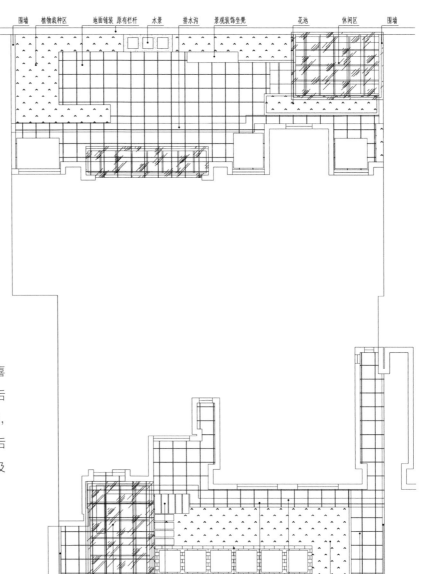

围墙　植物栽种区　地面铺装　原有栏杆　水景　排水沟　景观装饰坐凳　花池　休闲区　围墙

隔断　洗衣晾晒区　汀步　围墙　菜地　排水沟　景观通道　植物栽种区　设备区　隔断

平面图

项目概况

　　业主是一位时尚、年轻的女孩，喜欢温馨的花园风格。花园呈典型的前后院分布，形状比较方正，前院宽敞舒适，设计师将其作为主要休闲活动空间；后院狭长，将其作为设备区、晾晒区以及菜地使用。

● 小庭院设计与施工全集

设计说明

前花园大面积的灰色石材铺贴，奠定了现代风格的基调。花园中心铺装但边缘环绕植物的设计方法，最大限度地保留了干净清爽的活动平台。

在花园一侧，设计了一处下沉空间，局部地面下沉，打破了传统的平面布局，通过人工方式处理高差，形成视觉上的凹凸感，同时在心理上也给人一种亲切的包围感和安全感。

通过电动阳光亭打造光影空间，极简而不将就的外观设计，可以通过顶部百叶开合的角度调整光影。另一侧则利用植物形成一个半围合的休闲空间。

狭长的后花园分布着设备区、晾晒区以及菜地。菜园由红砖砌成，整体被分割成多个方形小区域，每块区域种上不同的时令蔬菜，丰收之时，喜悦便会浮上脸庞。设备区藏在木质栅栏后，不会影响花园的颜值。

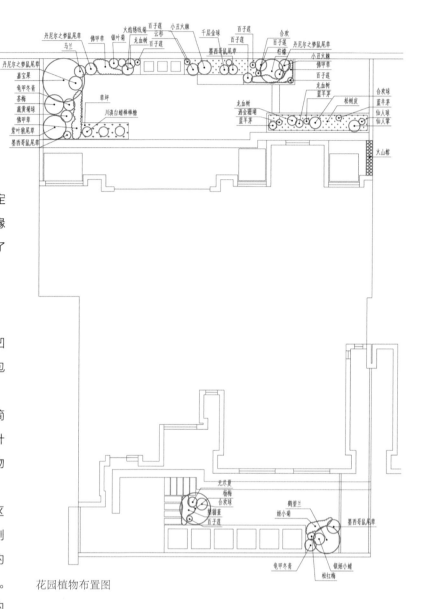

花园植物布置图

启东北
上海至尊

项目地点：江苏省南通市
花园面积：约 200m²

设计风格：现代自然
工程造价：约 52 万
施工周期：120 天
设　计　师：杨康虎
设计单位：江苏我家花园景观园林有限公司

项目概况

　　该项目位于市郊，周边环境幽雅，业主的设计诉求是简单而上档次，需要考虑户外晾晒和入户停车区遮阳的实际功能，以及动态水景的营建。业主对植物比较喜欢，希望园中能有一些造型树，有各类开花植物绽放在园中。

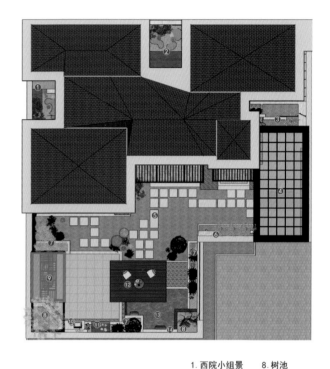

1. 西院小组景　　8. 树池
2. 北院小组景　　9. 廊架
3. 组合景墙　　　10. 操作台
4. 车棚　　　　　11. 坐凳
5. 汀步　　　　　12. 休闲平台
6. 对景景墙　　　13. 鱼池
7. 花池　　　　　14. 水景墙

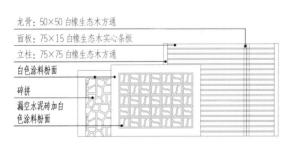

龙骨：50×50 白橡生态木方通
面板：75×15 白橡生态木实心条板
立柱：75×75 白橡生态木方通
白色涂料粉面
碎拼
漏空水泥砖加白色涂料粉面

景墙南立面图

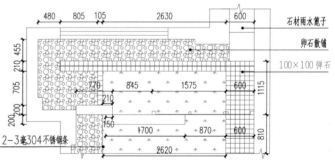

石材雨水篦子
卵石散铺
100×100 弹石

2-3毫304不锈钢条

景墙平面图

设计说明

花园场地不太规整，空间呈现出一个三折的直线线条，位于入口处的女儿房正对大门，我们在此设置了一面景墙，入户处设置了一座铝质廊架，兼顾照明及遮阳、挡雨的功能。

三折的中间段是房屋客厅，以开阔草坪及方形浅色石材形成汀步园路，将停车区、客厅以及西南角院子的核心景观区衔接起来。

核心景观区正对客厅，运用高低错层的手法，营造出一个动态水景空间。深色马赛克材质的运用降低了水池的后期维护频次，木地板的运用将休闲感拉满，同时辅以花境植物作为前景。细节方面，整个场地的排水全部处理为暗排，原有靠建筑处的明沟全部用卵石结合石材的不同手法处理，降低排水沟的存在感。植物配置简洁明快，以亮色植物为基调，辅以四季不同开花品种，结合灯光，营造出温暖、浪漫的氛围。

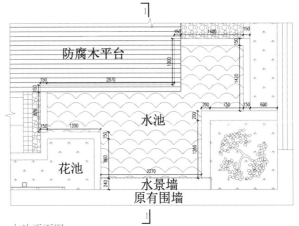

水池平面图

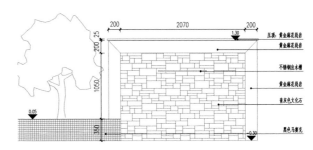

水景墙北立面图

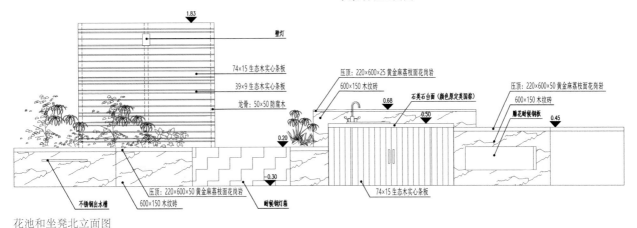

花池和坐凳北立面图

麓山温泉
别墅花园

项目地点：湖北省咸宁市
花园面积：约 227m²

设计风格：现代自然
工程造价：39 万
施工周期：140 天
设 计 师：张俊、阮玉玲
设计单位：湖北艺禾景观设计工作室

项目概况

　　该项目位于麓山别墅住宅区内，业主对花园朝向和建筑朝向都非常重视，希望能种植高大的树种来遮阴，且要保证一定的私密性。作为日常休闲的地方，需要满足家庭活动场所所需。至于其他功能的安排，也是需要适度考虑的。

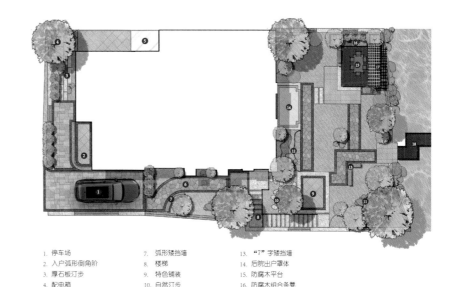

1. 停车场
2. 入户弧形倒角阶
3. 厚石板汀步
4. 配电箱
5. 天井窗
6. 小径
7. 弧形矮挡墙
8. 楼梯
9. 特色铺装
10. 自然汀步
11. 置石
12. 枯山水
13. "7"字矮挡墙
14. 后院出户罩体
15. 防腐木平台
16. 防腐木组合条凳
17. 白色廊架
18. 过水栈道

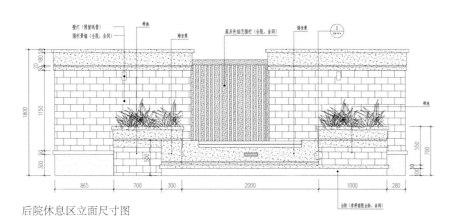

后院休息区立面尺寸图

设计说明

　　一层花园配置廊架、休闲平台、园路和储藏间，人行入口设置于南面，跨溪而入。二层花园是别墅主入户区域，配置停车位、园路及入户景墙，通过种植高大的树种来形成庭阴区域，保证花园的私密性。

　　自然风格花园讲究艺术性与现代生活的结合，相比其他风格而言，是规划起来最容易也是最简单的花园结构。此案通过绿篱植物进行区域分割，既规整，也不影响视线，周边景观尽收眼底。绿篱生命力强、种类丰富，可根据业主的喜好进行选择。

　　除草坪外，花园里还种植有其他灌木花卉，如桂花、红枫、海棠等，空间充满了自然的味道。

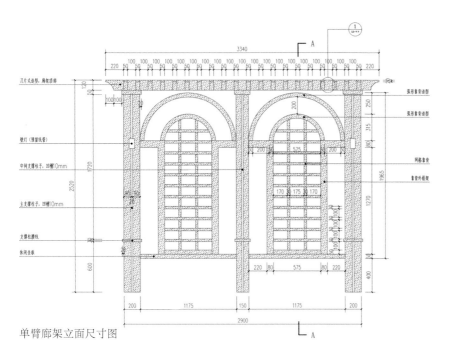

单臂廊架立面尺寸图

欧鹏华府

项目地点：重庆市
花园面积：140m²

设计风格：现代自然
工程造价：45万
施工周期：45天
设　计　师：代兴帅
设计单位：云南朴树园林绿化工程有限公司

项目概况

　　花园分前、后两部分，其中后院为阳台花园，以屋顶花园打造。前院定义自然式花园，园门设于南侧，入院左转入户，左侧建筑设有落地窗，取景方式更为直观。后院入口在东侧，场地狭长，南北两侧分割邻里。

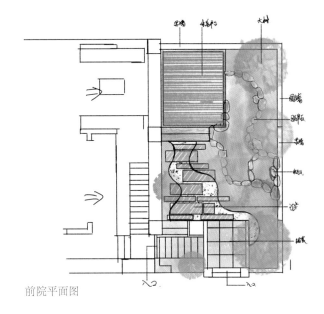

前院平面图

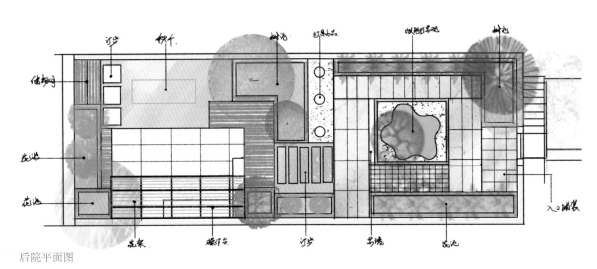

后院平面图

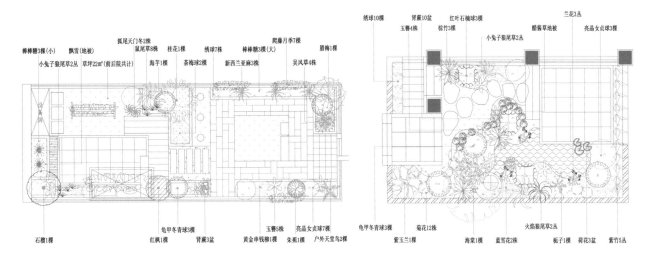

植物布置平面图

设计说明

前院入口采用规则式铺装，用砾石铺路，砾石上边放置汀步石，用大小不同的矩形錾面石板打破固有的铺装形式，两边搭配绿植，将叠水源头放置在绿植间，利用驳岸石围边，植物种植高低错落，注重色彩搭配，最后设计休息平台，供人驻足观赏。

后院采用障景手法，景墙前面设置微地形，让人期待墙后的景致。左右两边分别设置花池及树池，景观效果更加突出。

由规则式汀步走到木平台，前面是规则式铺装，方便在园中举办各种活动，花架下面配置操作台。木平台左边的草坪放置有秋干，这里是孩子们的天堂，也便于亲子间的互动。

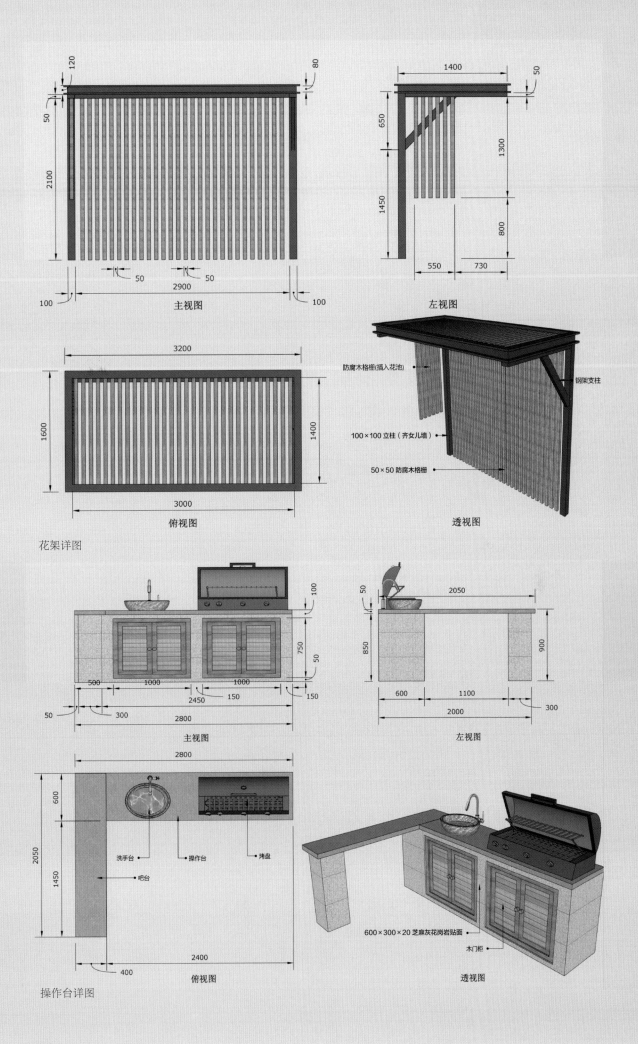

120   80

50

2100

50   50
2900

100   100

主视图

1400   50

650

1300

1450

800

550   730

左视图

3200

1600   1400

3000

俯视图

花架详图

防腐木格栅(插入花池)

钢架支柱

100×100 立柱（齐女儿墙）

50×50 防腐木格栅

透视图

100

750

50

500   1000   1000
2450   150

50   300   150

50   2800

主视图

50

2050

850   900

600   1100

2000   300

左视图

2800

600

2050

1450

洗手台   操作台   烤盘

吧台

2400

400

俯视图

操作台详图

600×300×20 芝麻灰花岗岩贴面

木门柜

透视图

山居雅墅

项目地点：浙江省杭州市
花园面积：850m^2

设计风格：现代自然
工程造价：250 万
施工周期：180 天
设 计 师：吴金晨
设计单位：杭州壹生造园景观设计工程有限公司

项目概况

　　项目位于较高海拔地区，建筑外观为现代风格，现场高差较大，拥有得天独厚的自然景致。

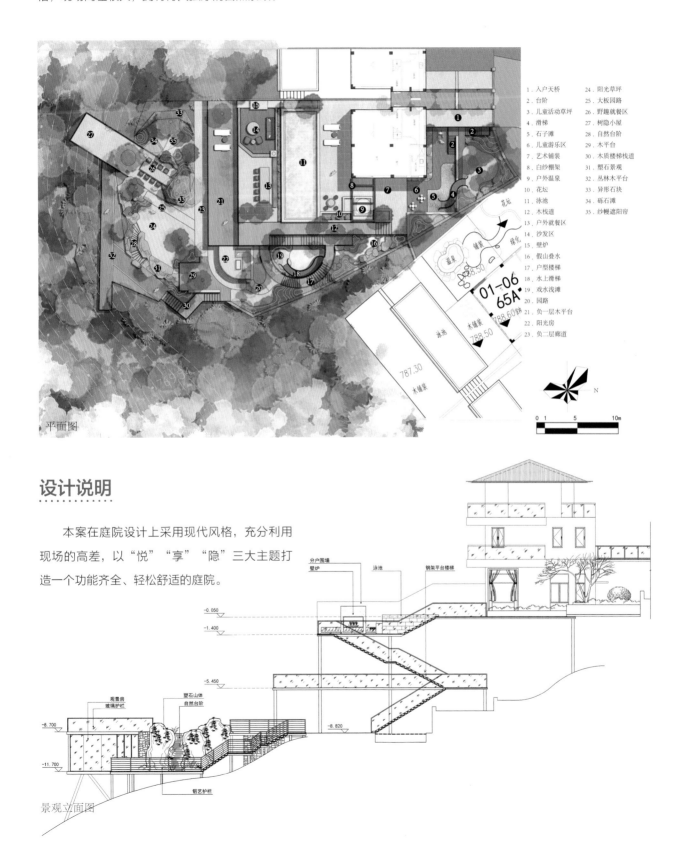

平面图

1.入户天桥　　　24.阳光草坪
2.台阶　　　　　25.大板园路
3.儿童活动草坪　26.野趣就餐区
4.滑梯　　　　　27.树隐小屋
5.石子滩　　　　28.自然台阶
6.儿童游乐区　　29.木平台
7.艺术铺装　　　30.木质楼梯栈道
8.白纱棚架　　　31.塑石景观
9.户外温泉　　　32.丛林木平台
10.花坛　　　　 33.异形石块
11.泳池　　　　 34.砾石滩
12.木栈道　　　 35.纱幔遮阳帘
13.户外就餐区
14.沙发区
15.壁炉
16.假山叠水
17.户型楼梯
18.水上滑梯
19.戏水浅滩
20.园路
21.负一层木平台
22.阳光房
23.负二层廊道

设计说明

　　本案在庭院设计上采用现代风格，充分利用现场的高差，以"悦""享""隐"三大主题打造一个功能齐全、轻松舒适的庭院。

景观立面图

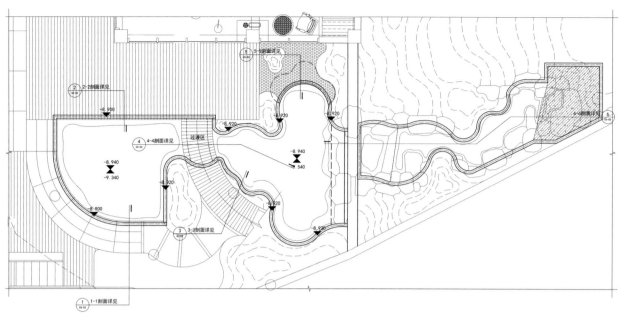

水池平面索引图

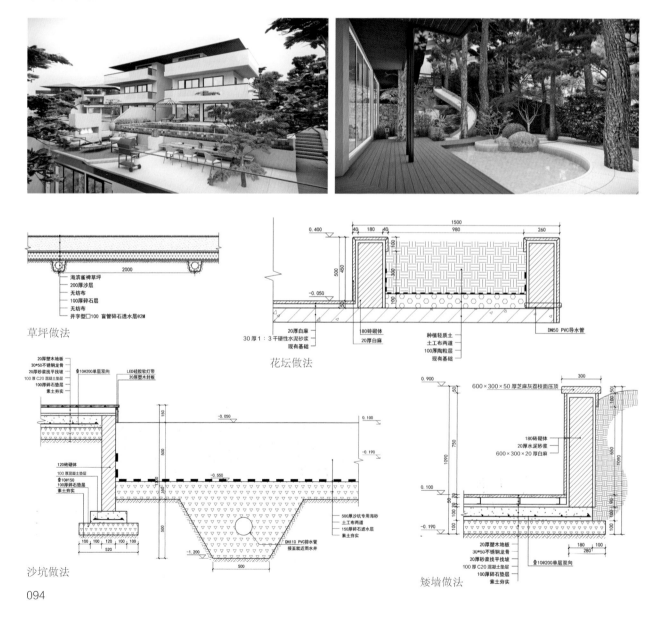

草坪做法

花坛做法

沙坑做法

矮墙做法

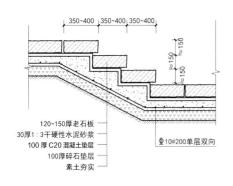

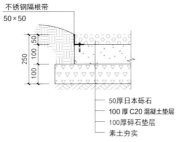

350~400 350~400 350~400

≈150 ≈150

120~150厚老石板
30厚1:3干硬性水泥砂浆
100厚C20混凝土垫层
100厚碎石垫层
素土夯实

Φ10#200单层双向

自然踏步做法

不锈钢隔根带
50×50

50厚日本砾石
100厚C20混凝土垫层
100厚碎石垫层
素土夯实

绿化、石子滩隔离做法

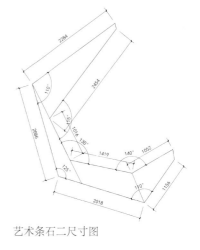

艺术条石二尺寸图

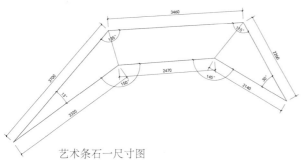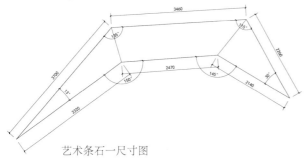

艺术条石一尺寸图

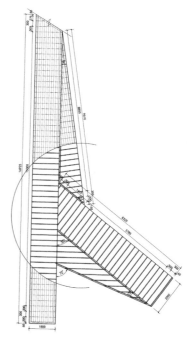

设计主要分为上庭院和下庭院，上庭院以儿童游乐和家庭休闲为主，下庭院以野趣、奢隐为主题，设计了阳光草坪、木平台和眺望构筑物，借自然之景，打造隐于深林、休闲舒适的庭院生活。

艺术平台龙骨布置图

新新家园
屋顶花园

项目地点：北京市
花园面积：50m²

设计风格：现代自然
工程造价：42 万
施工周期：60 天
设 计 师：杨慧兰
设计单位：北京陌上景观工程有限公司

项目概况

　　此庭院是位于停车库上的屋顶花园，建筑风格为现代美式，花园整体空间规整，景观视野开阔。

　　从客厅进入花园，出入口东侧景墙安放了几组大小不一的内嵌方体，用来收纳童趣和绿意。转到南侧，转角45°的花池更是打破原本空间的寂静，增添几分摩登感觉。再到西侧，斜放的铝艺秋千亭造型时尚，亭下的棋盘格铺装满足儿童玩耍逗留。北侧小涌泉则为花园带来几分灵动。

设计说明

　　花园通过斜角的方式设计出景观轴线，完成对不同节点的分割，以空间的功能需求来完成整个花园区域的功能布局，达到"以人为本"的设计初衷。

　　从打破空间紧凑的方正感考虑，用"斜"作为突破口，对局部环境和细节构造用不同的元素进行承载，造型、色彩、质地以及植物的合理搭配，充分表现空间的文化内涵，突出主人对文化内涵的追求与向往。

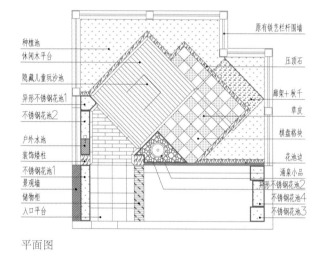

平面图

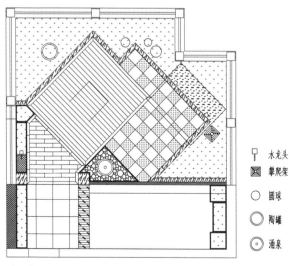

平面小品布置图

隐溪岸花园

项目地点：四川省成都市
花园面积：275m²

设计风格：现代自然
工程造价：100 万
施工周期：90 天
设 计 师：李若水、杨萍
设计单位：成都绿豪大自然园林绿化有限公司

项目概况

项目分为上下两个花园。上花园原有的天井和硬质基础占据了中心位置，缩小了花园的可利用面积。下花园较为规整，一面临水，两面近邻，现场有两棵很大的幸福树，业主要求保留。

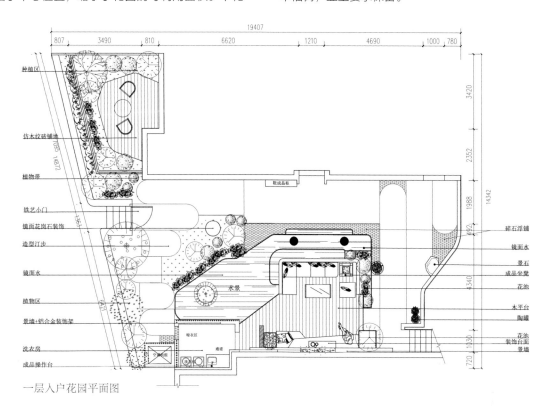

一层入户花园平面图

设计说明

上花园的天井是不可逆转的因素，于是将计就计做成镜面水景，从石材过渡到玻璃与景观相融，从天井下面向上看又是另一番天地。立面的围墙也是设计的重点，提取"山"的元素，把设备间隐匿其中。一山一水，一静一动，巧妙相接，又因钢板、铝合金等现代元素的加入，刚柔并济，凸显出建筑和景观整体和谐的美感。下花园的直梯设计成更具动感的旋转楼梯，打破原有的常规感，赋予了幸福树新的生命形态。空间划分为上下两个区域，一个是户外的聚会烧烤区，坐在下沉式圆形坐凳里面，有一种包容的围合感，像是被自然环抱其中；另一个连接码头形成单独空间，墙面沿用了山峰的造型，配上码头元素，如船桨、泳圈、马灯等装饰品，更添趣味性。

铺装上选用了水磨石，用不锈钢收边条划分成均等分，直线和半圆的结合为铺地增加了节奏感。

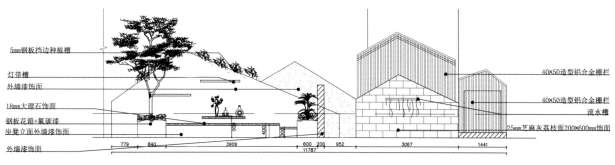

一层入户造型景墙

长岛别墅

项目地点：四川省成都市
花园面积：276m²

设计风格：现代自然
工程造价：300 万
施工周期：1 年
设　计　师：王东
设计单位：成都绿豪大自然园林绿化有限公司

项目概况

本案是一个别墅花园，因建筑改造变成了一个纯粹的屋顶花园，从而失去了地面花园的"根基"，但业主希望花园要像自然风景一样真切，真切中又要透着人工干预的精致美，而不是普通屋顶花园的那种"塑料感"。

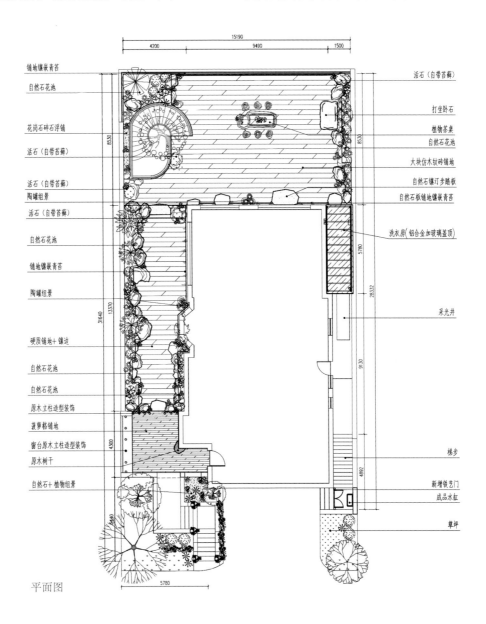

铺地镶嵌青苔
自然石花池
花岗石碎石浮铺
活石（自带苔藓）
活石（自带苔藓）
陶罐组景
活石（自带苔藓）
自然石花池
铺地镶嵌青苔
陶罐组景
硬质铺地+镶边
自然石花池
自然石花池
原木立柱造型装饰
菠萝格铺地
窗台原木立柱造型装饰
原木树干
自然石+植物组景

活石（自带苔藓）
打坐趴石
植物茶桌
自然石花池
大块仿木纹砖铺地
自然石镶汀步踏板
自然石板铺地镶嵌青苔
洗衣房（铝合金加玻璃盖顶）
采光井
梯步
新增铁艺门
成品水缸
草坪

平面图

设计说明

为了达到"好看""好玩""好用"的设计要求，设计师在材质上采用了硬度较高的花岗岩、板岩和防滑、耐磨的意大利木纹砖，立面采用了硬木和铜，电线是按航空用线标准在欧洲专门定制的，防腐蚀、防蚁、防老化、防辐射。所有石材底部架空处理，为以后防水、老化检修处理预留了空间，也是遵循着"好用"的设计宗旨。

植物以长势缓慢的紫薇及桩头类的三角梅、石榴、茶梅、蓝梅为主，达到一种可控的效果。灌木也选用长势恒定的、有明显主杆的植物，按照光照、色温、风向、温度的差别进行栽植布局。设计师还采用了"远借"的手法，用玻璃栏杆代替了铁艺栏杆，把高大的乔木换成了低矮的灌木，远处的果岭、湖泊、森林尽收眼底，左右两边借用邻居的开花灌木和藤蔓植物，以复杂的植物背景衬托园中纯净的植被感受。

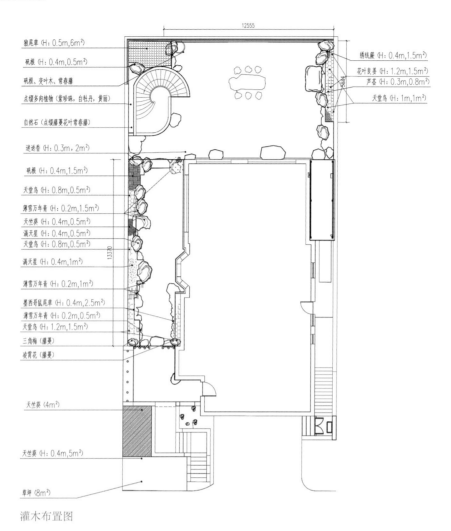

獐尾草 (H: 0.5m,6m²)
矾根 (H: 0.4m,0.5m²)
矾根、变叶木、常春藤
点缀多肉植物 (紫珍珠, 白牡丹, 黄丽)
自然石 (点缀藤蔓花叶常春藤)
迷迭香 (H: 0.3m, 2m²)
矾根 (H: 0.4m,1.5m²)
天堂鸟 (H: 0.8m,0.5m²)
薄雪万年青 (H: 0.2m,1.5m²)
天竺葵 (H: 0.4m,0.5m²)
满天星 (H: 0.4m,0.5m²)
天堂鸟 (H: 0.8m,0.5m²)
满天星 (H: 0.4m,1m²)
薄雪万年青 (H: 0.2m,1m²)
墨西哥鼠尾草 (H: 0.4m,2.5m²)
薄雪万年青 (H: 0.2m,0.5m²)
天堂鸟 (H: 1.2m,1.5m²)
三角梅 (藤蔓)
凌霄花 (藤蔓)

绣线菊 (H: 0.4m,1.5m²)
花叶贝姜 (H: 1.2m,1.5m²)
芦荟 (H: 0.3m,0.8m²)
天堂鸟 (H: 1m,1m²)

天竺葵 (4m²)

天竺葵 (H: 0.4m,5m²)

草坪 (8m²)

灌木布置图

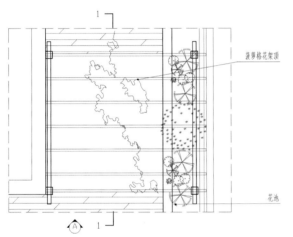

菠萝格花架顶

花池

阳台花架平面图

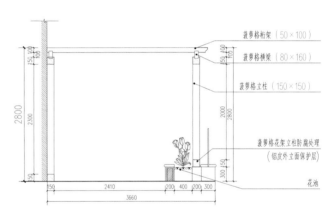

菠萝格桁架（50×100）
菠萝格横梁（80×160）
菠萝格立柱（150×150）
菠萝格花架立柱防腐处理
（铝皮外立面保护层）
花池

阳台花架立面图

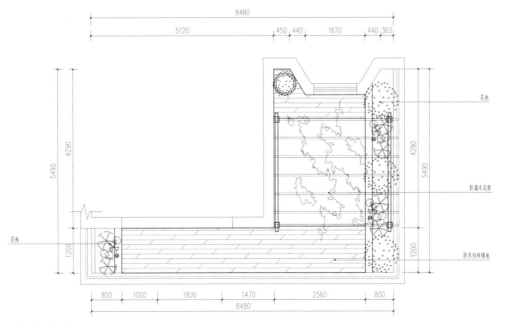

花池
防腐木花架
防腐木花架
防木纹砖铺地
花池

阳台平面布置图

103

香颂湾花园

项目地点：浙江省宁波市
花园面积：72m²

设计风格：现代自然
工程造价：12 万
施工周期：60 天
设 计 师：高习玲
设计单位：溢绿花园

项目概况

香颂湾花园为一楼花园后院，建筑是美式风格。庭院整体呈长方形，包含建筑负一层天井阳光房的设计。

设计说明

本案在庭院设计上采用了现代风格，为主人营造一个舒适的休憩景观空间。整体格局运用简单几何分割，简洁大方，功能性强，充满生活气息。植物配置较为干净，以草坪作为主体，配合少量草花，力图用植物营造开阔的视野。

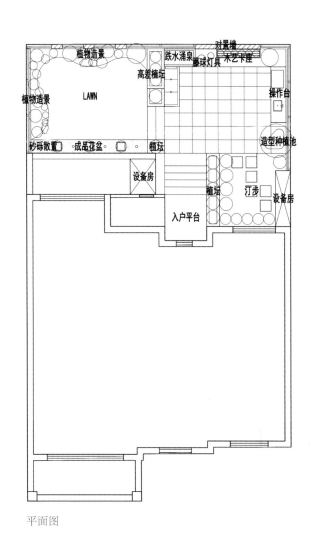

平面图

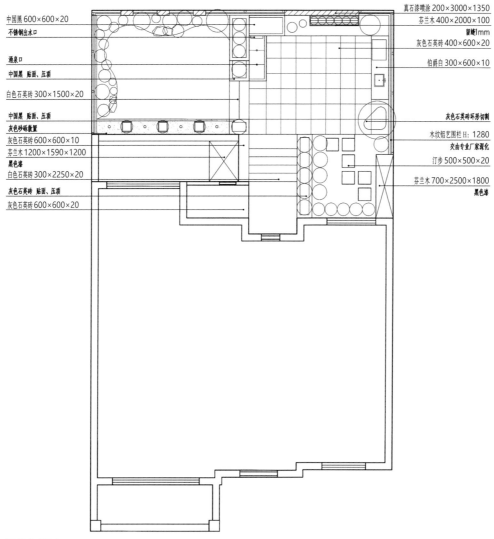

中国黑 600×600×20
不锈钢出水口
涌泉口
中国黑 贴面、压顶
白色石英砖 300×1500×20
中国黑 贴面、压顶
灰色砂砾散置
灰色石英砖 600×600×10
芬兰木 1200×1590×1200
黑色漆
白色石英砖 300×2250×20
灰色石英砖 贴面、压顶
灰色石英砖 600×600×20

真石漆喷涂 200×3000×1350
芬兰木 400×2000×100
留缝1mm
灰色石英砖 400×600×20
伯爵白 300×600×10
灰色石英砖环形切割
木纹铝艺围栏 H: 1280
交由专业厂家深化
汀步 500×500×20
芬兰木 700×2500×1800
黑色漆

铺装物料图

混搭风格

Mix style

岸芷汀兰

项目地点：浙江省杭州市
花园面积：200m²
露台面积：80m²

设计风格：日式混搭
工程造价：40 万
施工周期：90 天
设　计　师：张成成
设计单位：杭州漫园园林工程有限公司

项目概况

　　建筑集赖特的有机理论与现代主义智慧于一身，是真正意义上的绿色科技与自然联姻的别墅产品。外观是现代风格，庭院面积较大，原有布局较为混乱。

设计说明

　　本案设计采用日式风格庭院与现代风格露台相结合，清新素雅，禅意悠远。一棵婆娑的造型红枫、几块拙石，再点缀一些砾石、堆坡、汀步等，刻画出一幅朦胧的意象画面，自然质感的禅意栖居跃然而现。

　　露台上的休闲廊架视野开阔，简约却不简单，时尚而不繁杂，与花园里的软装家具相搭配，给人全新的居住体验。

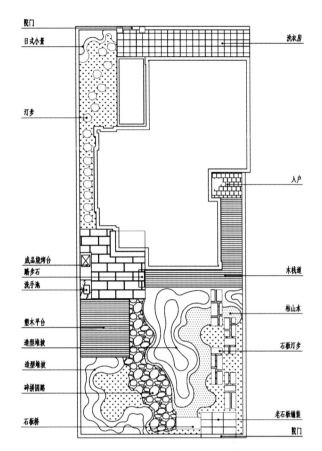

庭院平面图

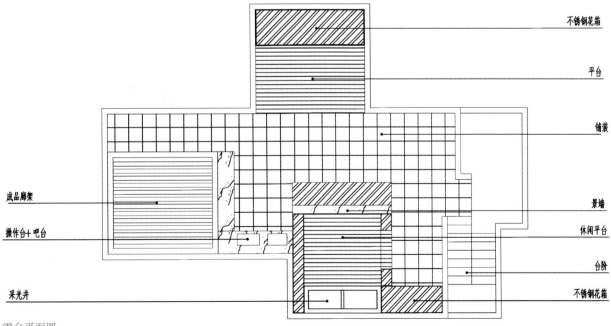

露台平面图

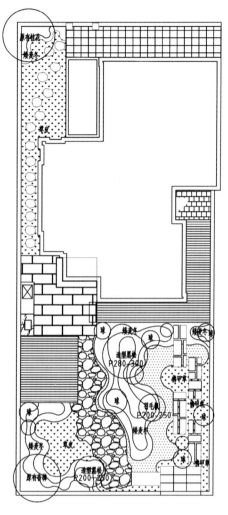

种植平面图

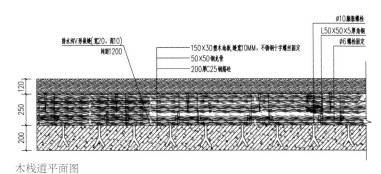

排水沟V形碳绿(宽20,深10)
间距1200

150×30塑木地板,缝宽10MM,不锈钢十字螺丝固定
50×50钢龙骨
200厚C25钢筋砼

Ø10膨胀螺栓
L50×50×5厚角钢
Ø6螺栓固定

120
250
200

木栈道平面图

100厚c20素砼垫层
150厚碎石垫层
素土夯实

铁艺围栏(专业厂家定制)

50厚芝麻灰压顶

300×600×25厚芝麻灰贴面

50
300
300
300
950

150
250

围墙剖面图

50厚雪花白压顶
20厚1:2水泥砂浆
100厚C20钢筋混凝土(Φ10@200单层双向)

水槽(成品)

800
300   400   100

50厚雪花白压顶
表面做防渗防污处理

涂料饰面(颜色同建筑)
20厚1:2水泥砂浆
M5.0砂浆砌mu7.5砖
20厚1:2水泥砂浆

铝合金柜门

140
50

535

涂料饰面(颜色同建筑)
20厚1:2水泥砂浆
160厚C15混凝土
150厚C20钢筋混凝土(内配)
100厚碎石垫层
素土夯实

洗手池剖面图

观山·黛湖

项目地点： 天津市
花园面积： 835m^2

设计风格：欧式混搭
工程造价：210 万
施工周期：300 天
设 计 师：潘玲钰
设计单位：园筑（天津）景观工程设计有限公司

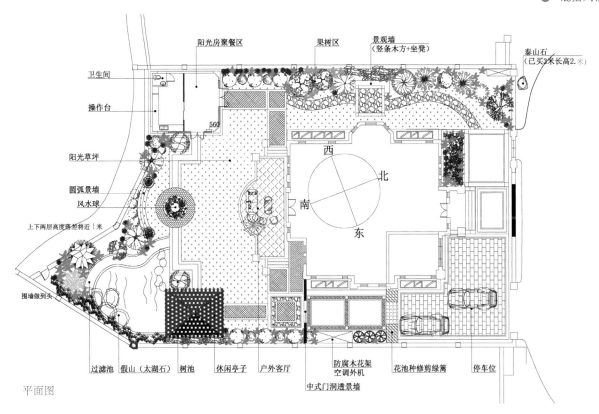

阳光房聚餐区　　　果树区　　景观墙
（竖条木方+坐凳）

泰山石
（已买3米长高2.米）

卫生间

操作台

阳光草坪

圆弧景墙

风水球

上下两层高度落差将近1米

圈墙做到头

西

北

南

东

560

过滤池　假山（太湖石）　树池　休闲亭子　户外客厅　　防腐木花架　花池种修剪绿篱　停车位
空调外机

中式门洞透景墙

平面图

项目概况

项目为独栋别墅，建筑风格为欧式，外墙采用米黄和砖红的配色。其位置优越，环境优美，小区整体由高层、花园洋房和别墅组成，内部设有自然水系，别墅依水而立，整体呈现出一种人与自然和谐共生的意境。

设计说明

根据业主的需求，设计有停车区、假山水景区、休闲凉亭、烧烤阳光房和中央草坪等，功能分区明确。

后院出户平台为半围合的欧式小憩区，茶余饭后在此小坐，两张藤椅，一把遮阳伞，足不入院就能一览无余。

近处的中央草坪、开阔的观景平台、郁郁葱葱的观赏草花及远处高耸的乔木，营造出让人停留、放空的空间氛围。

步入庭院，低矮、平整的草坪更具亲切感，院子看起来更加开阔。草坪外的一面弧形景墙汇聚了视线焦点，使整个庭院更加富有层次。

一左一右分布的是凉亭和阳光房，对称的设计看起来规整有序。凉亭南侧是一方锦鲤池，设计充分利用了庭院外围不规则的特点。凉亭前的中式月亮门幽静通透，后面的假山造景意境深远，将中式景观的特点展现得淋漓尽致。亭子适当遮挡了园中的欧式元素，从而使庭院的整体并不突兀。

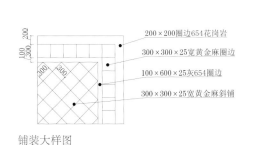

200×200圈边654花岗岩

300×300×25宽黄金麻圈边

100×600×25灰654圈边

300×300×25宽黄金麻斜铺

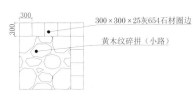

300×300×25灰654石材圈边

黄木纹碎拼（小路）

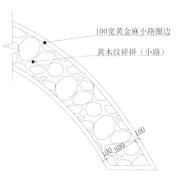

100宽黄金麻小路圈边

黄木纹碎拼（小路）

铺装大样图

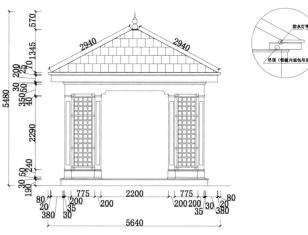

休闲亭子侧立面图

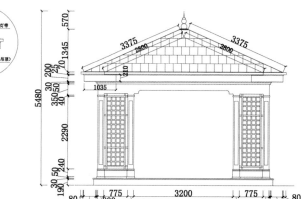

休闲亭子正面图

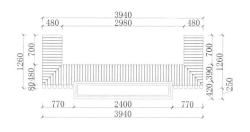

坐凳景墙平面图

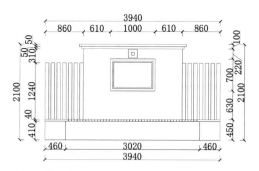

坐凳景墙正立面图

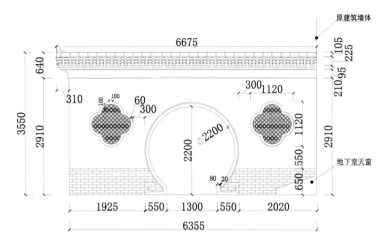

透景门洞墙立面图

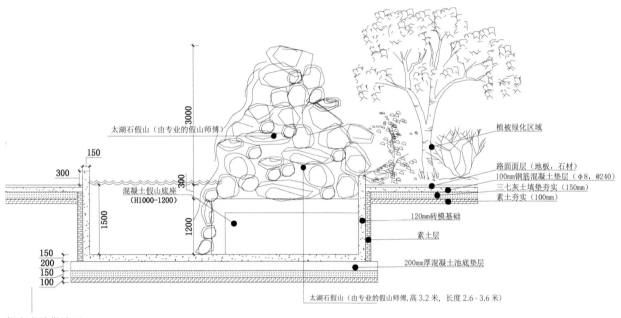

假山水池做法图

太湖石假山（由专业的假山师傅）
植被绿化区域
混凝土假山底座（H1000-1200）
路面面层（地板，石材）
100mm钢筋混凝土垫层（φ8，@240）
三七灰土填垫夯实（150mm）
素土夯实（100mm）
120mm砖模基础
素土层
200mm厚混凝土池底垫层
太湖石假山（由专业的假山师傅，高3.2米，长度2.6 - 3.6米）

原建筑墙体
地下室天窗

王墅花园

项目地点：天津市
花园面积：600m²

设计风格：欧式混搭
工程造价：105 万
施工周期：240 天
设 计 师：潘玲钰
设计单位：园筑（天津）景观工程设计有限公司

项目概况

　　项目北临新海湾商业区，东临国宾大道友谊南路，南向3千米没有任何视野遮挡，有着无以比拟的土地资源和外部景观资源。

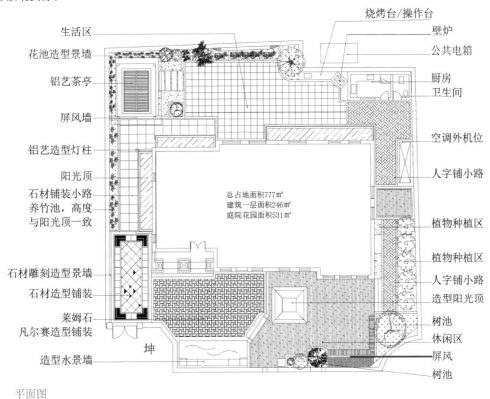

生活区
花池造型景墙
铝艺茶亭
屏风墙
铝艺造型灯柱
阳光顶
石材铺装小路
养竹池，高度与阳光顶一致
石材雕刻造型景墙
石材造型铺装
莱姆石凡尔赛造型铺装
造型水景墙

坤

烧烤台/操作台
壁炉
公共电箱
厨房
卫生间
空调外机位
人字铺小路
植物种植区
植物种植区
人字铺小路
造型阳光顶
树池
休闲区
屏风
树池

总占地面积777㎡
建筑一层面积246㎡
庭院花园面积531㎡

平面图

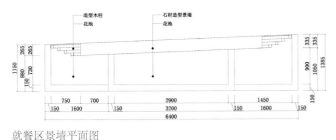

就餐区景墙平面图

就餐区景墙正立面图

设计说明
....

本案追求整体环境的营造和精致的细节处理，手法上运用折线构图，围合成一个个开敞或半开放的区域，再配置有序的植物种植，形成轻松自由、静谧休闲的庭院空间。

偏细长的院落被典雅、精致的造型屏风分为了前院和后院。前院设置了卡座休闲区与欧式水景墙。流水景墙作为出户的对景，增强了仪式感与入院的氛围感。特色的绚丽月季和草本花卉作为点缀，远远看去，一草一木皆风景，一事一物皆含情。

后院是庭院生活的主要活动区，这里设计了凉亭、茶室和可容纳多人的户外就餐区。盘根错节、亭亭如盖的造型植物无疑是茶室意境最好的映衬。古色古香的青石板汀步将茶室与嘈杂的户外就餐区分割开来，既起到空间划分作用，也体现了庭院的景观细节。户外就餐区采用大面积的硬质铺装，空间看起来豁然开朗，也让空间的功能性非常灵活。石材景墙利用材料、质感和线条的对比，产生丰富的变化，大气典雅，与庭院空间的布置相辅相成。

除了景观，花园的功能与实用性同样重要。在本案的设计中，对飘窗的细节也进行了研究，其钻石造型既自成一景，又消除了飘窗的突兀感。

户外就餐区配有足够空间的储物间与烧烤操作台，户外的用品、厨具均不放入室内，既便于使用，又干净整洁。

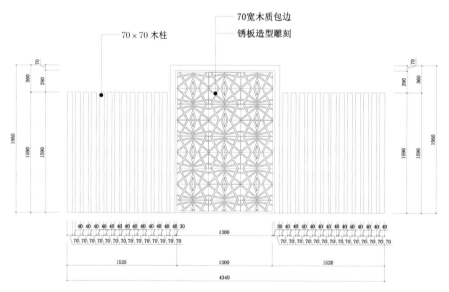

木柱屏风正立面图

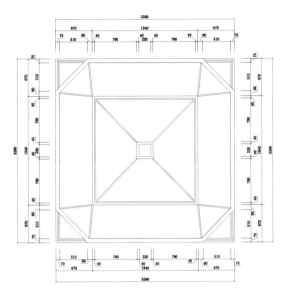

阳光顶平面图

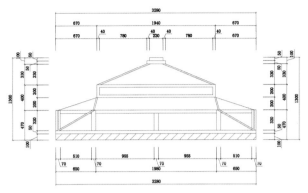

阳光顶正立面图

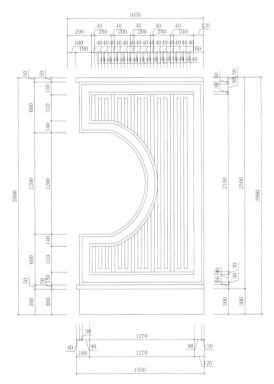

铝艺造型灯柱立面图

黑钻花园

项目地点：四川省成都市
花园面积：500m²

设计风格：美式乡村
工程造价：120 万
施工周期：150 天
设 计 师：汪小颖
设计、施工单位：成都绿豪大自然园林绿化有限公司

项目概况

　　初见业主是一个炎热的午后，这位时尚辣妈已被自家花园困扰良久。她的花园杂草丛生、蚊虫肆意，已经很久没有家庭成员踏足过了。原本只想更换一下植物，但由于花园基础、水电都有很大问题，于是痛下决心进行花园改造。

设计说明

　　业主家庭成员较多，室内空间也不足，于是我们将中厨、餐厅搬到了主体建筑以外的花园中，并将原本闲置的半封闭空间改造成老人房、琴房与健身房。园路变成了串联起这些生活空间的重要纽带。

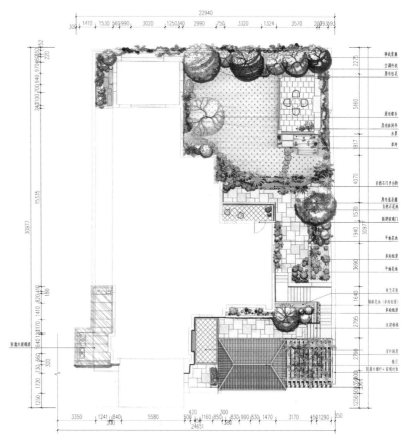

平面图

首先是门厅，为了让通过性更强，将花架改成了与主体建筑一致的瓦屋面，既能遮雨，也保证了构筑物之间的整体性。进入园门的景墙用了混色卵石拼贴成流线型星空图案，因为客户是一位凡·高爱好者。

下花园是我们打造的重点，原有的不合理高差导致了一层室内地面低于花园，从而室内受潮严重。设计师根据主体建筑进行了退台式处理，为了不让中规中矩的梯步与花池破坏花园的自然风格，选择了用天然景石点缀在缓坡中处理高差，同样用自然石作为台阶，石组之

间错落点缀着各季开放的花草，一个切尔西石头花园就基本落成了。

茶室外的大草坪是留给孩子们的天地，也是茶室的补充活动空间。在这儿，孩子们可以铺上格子餐布享用三明治，可以和小狗追逐嬉戏，也可以在旁边的小水塘捉鱼、捞虾。

屋顶的独立小露台充分考虑了女主人的审美与生活习惯，用不同色彩的植物和花卉为她打造了一个生机盎然却又独立的秘密花园。

顶楼阳台平面布置图

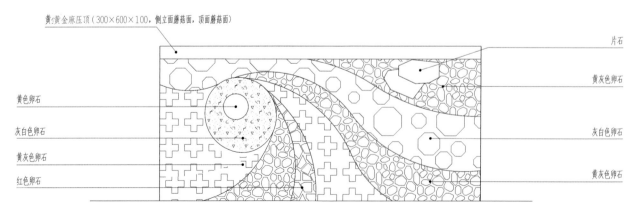

艺术卵石景墙立面图

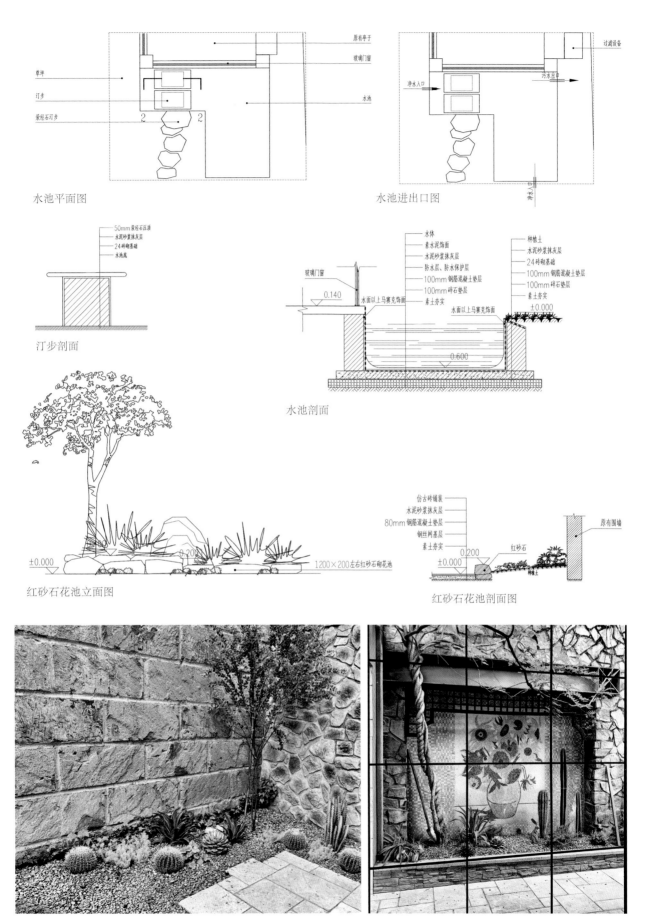

原有亭子
玻璃门窗

草坪
汀步
荥经石汀步

水池

水池平面图

过滤设备

净水入口
污水出口

污水入口
净水入口

水池进出口图

50mm荥经石压顶
水泥砂浆抹灰层
24砖砌基础
水池底

汀步剖面

水体
素水泥饰面
水泥砂浆抹灰层
防水层、防水保护层
100mm钢筋混凝土垫层
100mm碎石垫层
素土夯实

种植土
水泥砂浆抹灰层
24砖砌基础
100mm钢筋混凝土垫层
100mm碎石垫层
素土夯实

玻璃门窗

0.140

水面以上马赛克饰面

水面以上马赛克饰面
±0.000

0.600

水池剖面

±0.000

0.200

1200×200左右红砂石砌花池

红砂石花池立面图

仿古砖铺装
水泥砂浆抹灰层
80mm钢筋混凝土垫层
钢丝网基层
素土夯实

红砂石

原有围墙

0.200
±0.000

种植土

红砂石花池剖面图

花飞蝶舞

项目地点：浙江省杭州市
花园面积：96m²

设计风格：美式混搭
工程造价：12 万
施工周期：60 天
设 计 师：张成宬
设计单位：杭州漫园园林工程有限公司

项目概况

项目位于杭州市西湖之江。建筑是美式别墅,庭院空间面积较小。

设计说明

穿花蛱蝶深深见,点水蜻蜓款款飞。本案在庭院设计上继续沿用了美式的狂野浪漫,空间内容丰富,应用功能齐全。弧形花坛与休闲平台完美搭配,营造出闲散与自在、温情与柔软的景观氛围。

花园以舒适为设计准则,展现自然淳朴的格调和多功能的设计思想,休闲平台成为释放压力和解放心灵的净土。

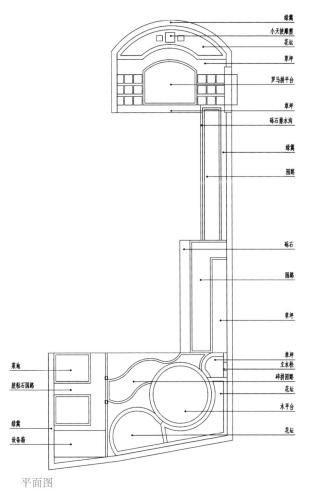

平面图

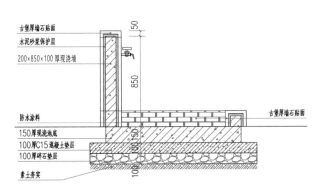

水池做法详图

花岗岩铺装做法

花架拱门立面图

华润
澜山望

项目地点：重庆市
花园面积：100m²

设计风格：日式混搭
工程造价：25 万
施工周期：30 天
设 计 师：代兴帅
设计单位：云南朴树园林绿化工程有限公司

项目概况

花园北侧为建筑入口，入口两侧皆为窗户，从景观节点考虑，框景为主要造景方式。东西两侧围栏用以分割邻里，南侧外为小区公共绿化。

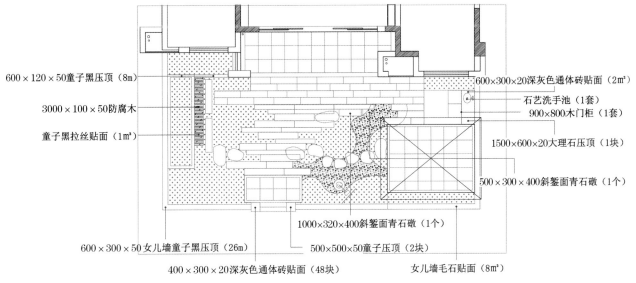

600×120×50童子黑压顶（8m）
3000×100×50防腐木
童子黑拉丝贴面（1m³）

600×300×20深灰色通体砖贴面（2m³）
石艺洗手池（1套）
900×800木门柜（1套）
1500×600×20大理石压顶（1块）
500×300×400斜錾面青石礅（1个）

600×300×50女儿墙童子黑压顶（26m）
400×300×20深灰色通体砖贴面（48块）
1000×320×400斜錾面青石礅（1个）
500×500×50童子压顶（2块）
女儿墙毛石贴面（8m³）

物料标注平面图

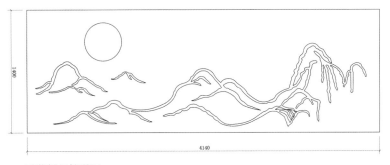

雕花板景墙详图

设计说明

花园提倡功能第一的原则，将元素、色彩、原材料简化到最少，但追求质感，达到以少胜多、以简胜繁的效果。

入口处采用规则式铺装，园路采用三种不同的砖形铺设，为花园增添几分活力与乐趣，最后以长条形铺装衔接平台回归简约，达到和谐统一的效果。

园中设置自然石汀步到达亭子，途中经过大片绿植区域，听着"滴滴滴"的流水声，在入亭之前还可在流水钵处净手，游园的同时得以静心。

亭子外的弹石铺装坚固耐久，抗滑性能好，清洁少尘，左边采用花池造景，大人和小孩都可以在这里欢度下午时光。

黄龙溪
私家花园

————————

项目地点：四川省成都市
花园面积：380m^2

设计风格：美式乡村
工程造价：78 万
施工周期：90 天
设 计 师：李若水
设计、施工单位：成都绿豪大自然园林绿化有限公司

项目概况

　　花园分为前院、后院两部分，前院左侧是车库、洗衣房，入户右侧是设备区，主要以满足功能为主。后花园则是业主能够敞开心扉、真正放松的地方。花园外侧是一片开阔的公共草坪，草坪右侧有一株孤植的大树，尽头还有一处人工湖。

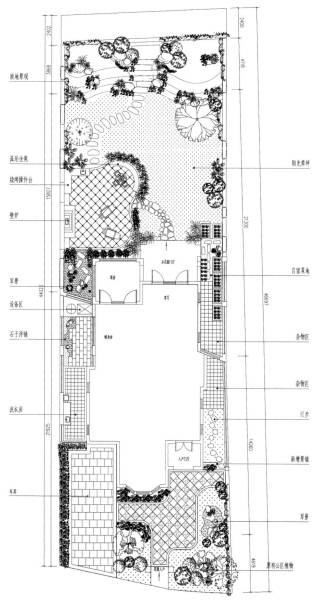

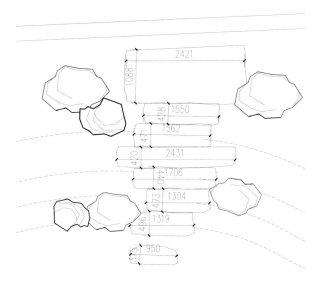

后花园梯步平面图

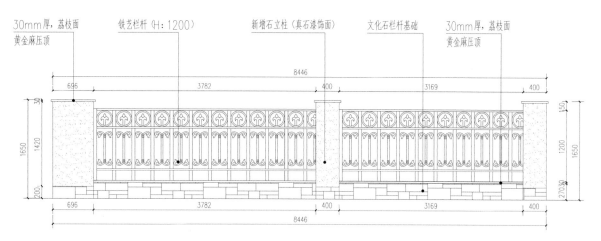

新增围栏正立面图

129

设计说明

该项目的设计理念，是为了打造一处自然野趣的花园，让身处都市的我们，能够真切地感受大自然，触摸大自然，享受大自然。

洗衣房区空间狭长，在满足使用功能之外，增加了一小块绿植景观，以粗犷的原木为背景，立面空间以竹子为主，底面辅以石砾、多彩的矾根和嫩绿的情人草来打底，让劳作的空间里也充满趣味。

设备区的中间通道以复古、做旧的地砖铺设，用小花砖撞色边带，营造一种地中海的氛围。右侧配上一组旱喷小景，再用嫩绿的情人草铺设，点缀矾根和无尽夏绣球来营造入户仪式感。

结合现场环境，设计师采用借景手法做坡地景观，结合景石、植物及自然石板汀步和大石板阶梯与外部衔接，增加花园的延伸感和层次感。

后花园两侧都是邻居，考虑到私密性，空间的分割靠现有的稀疏植物完全不够，但全部做墙体又太过压抑。于是，我们"软硬兼施"地将实体墙和绿篱结合来做空间的围合，将功能和景观合二为一。实体墙局部还做了造型镂空，摆放陶罐，再结合花砖点缀，增加立面空间的观赏性。

花园整体的色系、材质与原建筑高度协调，让花园与建筑成为一体。

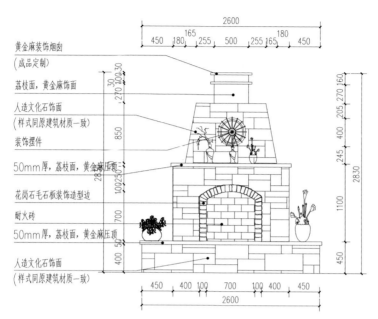

黄金麻装饰烟囱
(成品定制)

荔枝面,黄金麻饰面

人造文化石饰面
(样式同原建筑材质一致)

装饰摆件

50mm厚,荔枝面,黄金麻压顶

花岗石毛石板装饰造型边

耐火砖

50mm厚,荔枝面,黄金麻压顶

人造文化石饰面
(样式同原建筑材质一致)

壁炉立面图

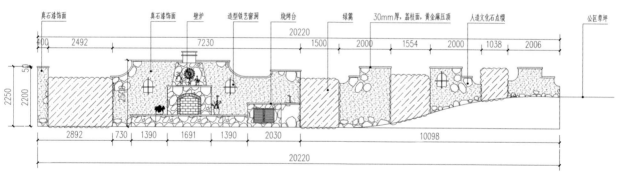

后花园左侧围墙立面图

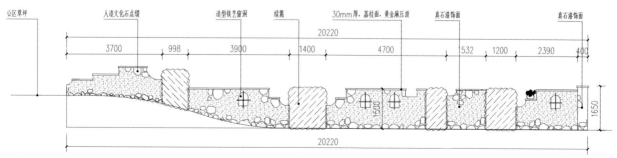

后花园右侧围墙立面图

美新
玫瑰庄园

项目地点：江苏省无锡市
花园面积：200m²

设计风格：日式混搭
工程造价：70 万
施工周期：75 天
设 计 师：文伟
设计单位：无锡卓越园林景观有限公司

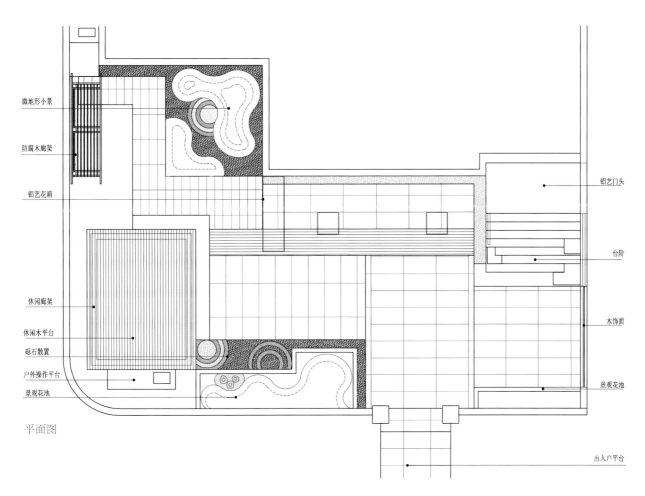

微地形小景

防腐木廊架

铝艺花箱

休闲廊架

休闲木平台

砾石散置

户外操作平台

景观花池

铝艺门头

台阶

木饰面

景观花池

平面图

出入户平台

项目概况

本项目面积大小适中，院子朝南，可利用空间集中。业主平时会有在院中休闲、品茶的需求。根据业主喜好，庭院定位为现代风格，辅以日式禅意元素进行点缀。

设计说明

业主很注重入户的仪式感，希望在步入室内的过程中，能够有移步换景的观赏感受。设计师遵照入户的路径，在园门外、入口两侧、入户楼梯、客厅窗外，以山石、植物呈现了很多立面的景观变化。

该项目的主题，我们定为"韵律"，利用铺装样式的变化、植物的有致错落和颜色的搭配，配合移步换景的节奏感，来暗合庭院设计的主旨。

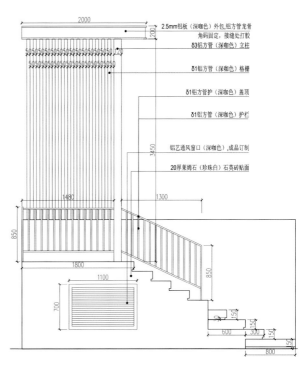

2.5mm铝板（深咖色）外包,铝方管龙骨角码固定,接缝处打胶

δ3铝方管（深咖色）立柱

δ1铝方管（深咖色）格栅

δ1铝方管护（深咖色）盖顶

δ1铝方管（深咖色）护栏

铝艺通风窗口（深咖色）成品订制

20厚莱姆石（珍珠白）石英砖贴面

入口门头侧立面图

世茂·珺悦府

项目地点：重庆市
花园面积：120m²

设计风格：日式混搭
工程造价：14.5 万
施工周期：80 天
设 计 师：廖伟
设计单位：重庆园丁园景观设计工程有限公司

项目概况

项目依山傍势，因地制宜，以山地生态景观住区为理念，是重庆特色的居住形态。

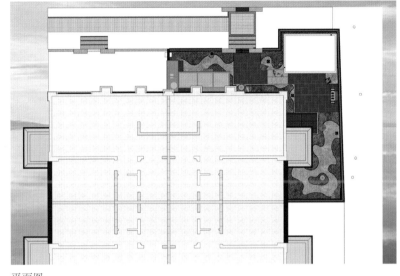

平面图

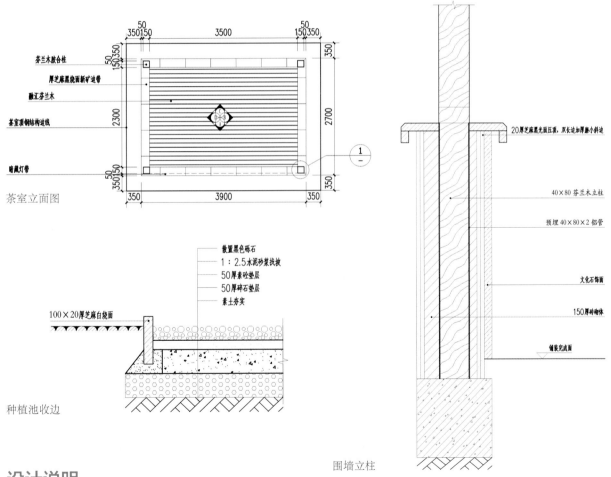

茶室立面图

芬兰木胶合柱
厚芝麻黑烧面新矿边带
橄汇芬兰木
茶室顶钢结构边线

暗藏灯带

种植池收边

100×20厚芝麻白烧面

散置黑色砾石
1：2.5水泥砂浆找坡
50厚素砼垫层
50厚碎石垫层
素土夯实

20厚芝麻黑光面压顶，双长边加厚磨小斜边

40×80 芬兰木立柱

预埋 40×80×2 铝管

文化石饰面

150厚砖砌体

铺装完成面

围墙立柱

设计说明

本方案整体采用日式风格，以砾石、旱溪串联整个院子，合理划分空间，营造恬静舒适的居家环境。

枯山水又称假山水，是适应地理条件而建造的微缩式园林景观，以表现广阔的自然界和空灵的意境。

茶室是日式庭院里不可或缺的造景元素，虽其貌不扬，只是一处可以静心品茶的地方，但追求的除了原始茶味，更是一种简单的生活态度。

田女士
别墅花园

项目地点：湖北省咸宁市
花园面积：189m²

设计风格：法式混搭
工程造价：37 万
施工周期：140 天
设 计 师：张俊　吴飞
设计单位：湖北艺禾景观设计工作室

项目概况

业主崇尚美好生活，钟情法式浪漫，花园以"庄重、高雅、浪漫"为主题，彰显法式风格的独特魅力，营造让人放松身心、缓解疲劳的景观空间。

设计说明

法式风格向来以细腻、华美、品位而著称，在细节的处理上，运用了法式廊架、雕塑、雕花等，施工工艺精细考究。侧院构图以中正、对称的线性景观组团为主。为了呈现更纯粹的法式意境，采用了户外水族箱、流水、花坛、花钵、花门以及法式传统雕塑等元素。

花园以人为本，充分考虑人的行为尺度、生活习惯，做到景为人用，兼备观赏性和实用性。各景观组团的搭配、花园设施的布置，都便于休闲、运动和交流的完美融合，营造出有利于花园活动的开放式、半开放式空间。

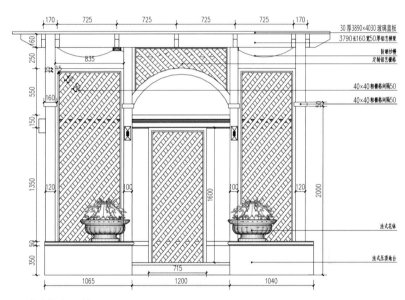

前院休闲区正立面图

后院廊架立面施工图

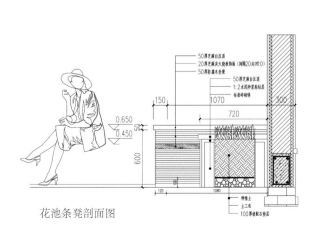

花池条凳剖面图

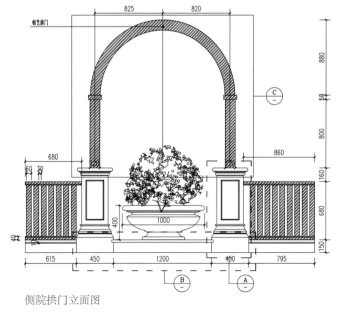

侧院拱门立面图

溪栖庄园
私家庭院

项目地点：江苏省常州市
花园面积：2980m²

设计风格：欧式混搭
工程造价：398 万
施工周期：180 天
设 计 师：徐昊
设计单位：悠境景观设计工程（常州）有限公司

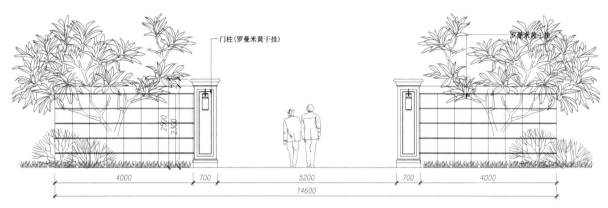

门柱(罗曼米黄干挂)

罗曼米黄干挂

2500 2350

4000　700　5200　700　4000

14600

庭院入口围墙立面图

项目概况

该项目是一幢私人独栋别墅，建筑风格为欧式，由南北两个院子构成。主入口在北院东北角，车库门向东。

由于别墅位于郊区，业主平日工作较忙，不在此地居住，只有节假日才会来此放松。他希望通过庭院，能缓解日常紧绷的神经，让身心得到放松。经过一番沟通后，设计师将庭院设计定位为欧式混搭风格。

设计说明

设计中，设计师把主要的休闲功能布置在南院，通过廊架、大草坪、绿化组团的结合营造出一个舒适的休闲空间。在北院，通过布置假山、小桥、水池营造出一个大气的观景区域，假山上还布置了休闲凉亭，供业主和他的朋友对坐把谈。

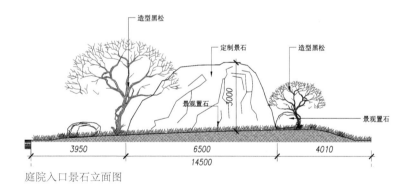

造型黑松　定制景石　造型黑松

景观置石 5000

景观置石

3950　6500　4010

14500

庭院入口景石立面图

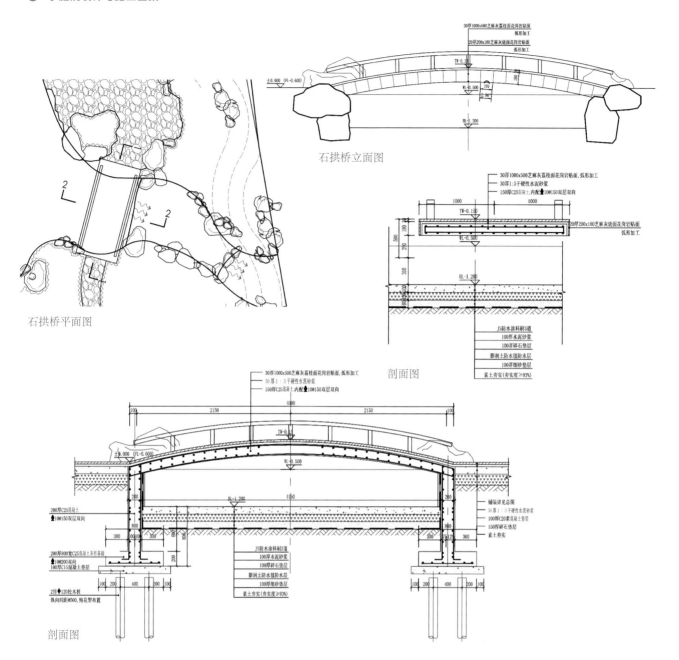

30厚1000x500芝麻灰荔枝面花岗岩贴面
弧形加工
20厚200x180芝麻灰烧面花岗岩贴面
弧形加工

石拱桥立面图

30厚1000x500芝麻灰荔枝面花岗岩贴面,弧形加工
30厚1:3干硬性水泥砂浆
150厚C25混凝土,内配Φ10@150双层双向

20厚200x180芝麻灰烧面花岗岩贴面
弧形加工

JS防水涂料刷3遍
100厚水泥砂浆
100厚碎石垫层
膨润土防水缓防水层
100厚细砂垫层
素土夯实(夯实度≥93%)

剖面图

石拱桥平面图

30厚1000x500芝麻灰荔枝面花岗岩贴面,弧形加工
30厚1:3干硬性水泥砂浆
150厚C25混凝土,内配Φ10@150双层双向

铺装详见总图
30厚1:3干硬性水泥砂浆
100厚C20混凝土垫层
150厚碎石垫层
素土夯实

200厚C25混凝土
Φ10@150双层双向

200厚800宽C25混凝土条形基础
Φ10@200双向
100厚C15混凝土垫层

2排Φ120松木桩
纵向间距@500,梅花型布置

JS防水涂料刷3遍
100厚水泥砂浆
100厚碎石垫层
膨润土防水缓防水层
100厚细砂垫层
素土夯实(夯实度≥93%)

剖面图

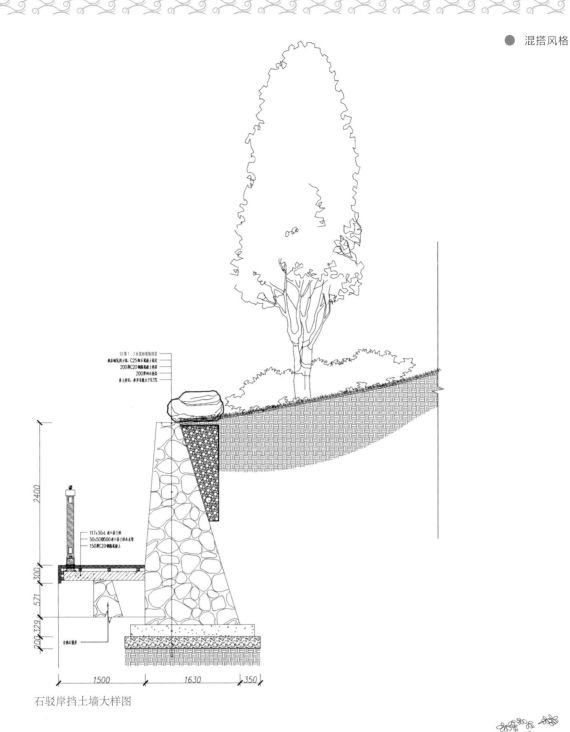

石驳岸挡土墙大样图

鱼池剖面图

滇池 one
伊顿庄园

项目地点：云南省昆明市
花园面积：262m²

设计风格：日式混搭
工程造价：50 万
施工周期：60 天
设 计 师：代兴帅
设计单位：云南朴树园林绿化工程有限公司

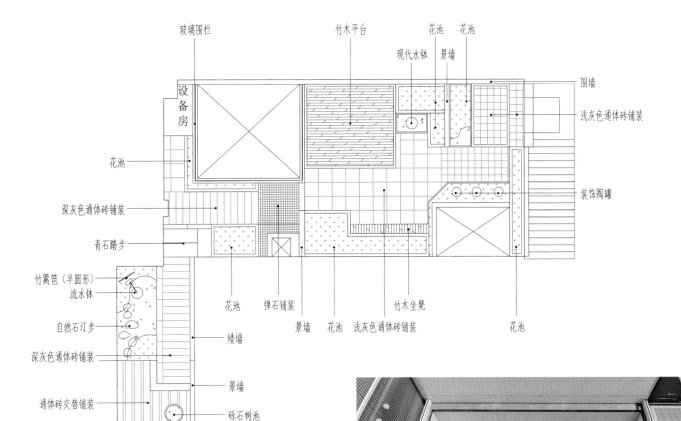

设备房

玻璃围栏　　竹木平台　花池　花池

现代水钵　景墙

围墙

浅灰色通体砖铺装

花池

装饰陶罐

深灰色通体砖铺装

青石踏步

竹篱笆（半圆形）

流水钵

自然石汀步

深灰色通体砖铺装

通体砖交替铺装

花池　弹石铺装

景墙　花池　浅灰色通体砖铺装

竹木坐凳

花池

矮墙

景墙

砾石树池

平面图

设计说明

花园由几何式的线条构成，以硬景为主，搭配绿植，在转角处凸显视觉焦点。

前院及过道采用规则式铺装进入园中，松树起到点景的作用，踏上自然石汀步，红枫下面搭配流水钵，打造一组极具韵味的小景观。

后院入口处采用规则式铺装，进入庭院左边即是跌水小景，下边设规则式汀步，亭子旁边是花池及绿篱花境，置身其中，既可听水，也可观景。

地形造坡曲线模仿自然河流的形式，做到简单中不乏精致，矩形铺装采用不同规格，符合自然之趣。

项目概况

花园面积共分 5 块，以屋顶花园的方式重建。东侧为前院入口，前院往里垂直方向可见负一层天井，侧院经过室内空间进入后院，上空为二层阳台，后院靠左上位置下楼梯进入另一天井。排水须排至院外公共绿化区。

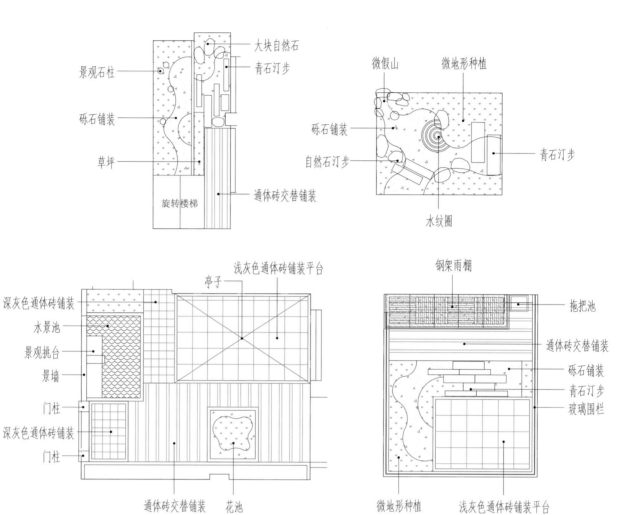

景观石柱 ——— 大块自然石

青石汀步

砾石铺装

草坪

旋转楼梯 —— 通体砖交替铺装

微假山 微地形种植

砾石铺装

自然石汀步 —— 青石汀步

水纹圈

深灰色通体砖铺装 —— 浅灰色通体砖铺装平台

水景池 亭子

景观挑台

景墙

门柱

深灰色通体砖铺装

门柱

通体砖交替铺装 花池

钢架雨棚

拖把池

通体砖交替铺装

砾石铺装

青石汀步

玻璃围栏

微地形种植 浅灰色通体砖铺装平台

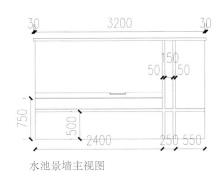

水池景墙主视图

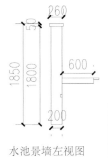

水池景墙左视图

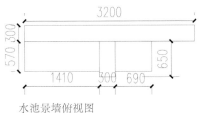

水池景墙俯视图

雨棚主视图

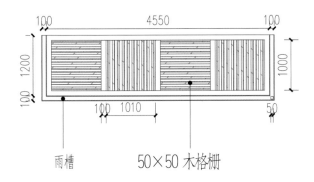

雨槽　　　50×50 木格栅

雨棚俯视图

钢化玻璃5+5　　　50×50 钢结构格栅

雨棚透视图

紫云台
别墅

项目地点：江苏省
花园面积：780m²

设计风格：自然混搭
工程造价：260 万
施工周期：240 天
设 计 师：俞泽
设计单位：杭州壹生造园景观工程设计有限公司

标 注

1. 庭院主入口	5. 花坛树池	9. 台阶	13. 景观小品
2. 入口停车铺装	6. 悬浮盆景台	10. 现代艺术铺装	14. 卵石滩
3. 现代大板台阶踏步	7. 休憩平台	11. 采光天井	15. 儿童娱乐假草坪
4. 迎宾灯	8. 设备房	12. 大板天桥	16. 景观亭

17. 流水景墙	21. 阳光草坪	25. 碎石汀步
18. 水上板桥	22. 对景造型树	26. 后院门
19. 镜面水池	23. 溢水滩	
20. 假山跌水	24. 水中树池	

平面图

项目概况

　　作为住宅区花园，本项目场地高差较大，背靠山体，由南、北两院组成。北院现场为地下室楼板，可种植区域较少，土层较薄。南北院无连接通道，仅可通过室内通行。

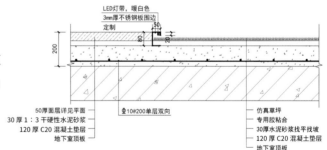

仿真草坪做法

设计说明

　　本案采用现代的设计手法，将年轻化、多元化的元素（如铝艺、塑木等）融入其中，通过简洁、明快的线条将整体花园进行空间划分，利用现场山体与花园的高差，结合自然山水形成水瀑，流入休憩区锦鲤池，在丰富空间感的同时，也增加了花园的灵动性和趣味性。

　　设计过程中，充分考虑到业主年轻、交际广的特点，将花园打造成集休闲、会客于一体的功能性花园。该花园格调有别于传统的欧式和中式，更显简洁和清爽，既满足功能要求，又丰富花园景观层次。

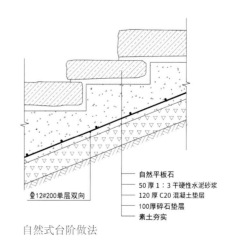

自然式台阶做法

长岛花园

项目地点： 四川省成都市
花园面积： 260m²

设计风格：美式乡村
工程造价：25 万
施工周期：90 天
设 计 师：汪小颖
设计、施工单位：成都绿豪大自然园林绿化有限公司

项目概况

本项目属于花园改造，客户已经入住了一段时间，地面硬质基础出现了不同程度的下沉、开裂，植物缺乏整体规划，整体显得杂乱无章。花园没有足够的照明，到了晚上几乎无法使用。

设计说明

设计在保留之前的基础上，采用自然的手法，入户的区域拆掉了原来的饰面和左右的挡墙，将梯步扩大，换成了更加自然的天然石材，同时增加了梯步灯和种植区的庭院灯。

入户左侧墙体前端设置了一个带状旱景，配以简单的植物、景石、灯光和小品雕塑，同时运用多季开花的藤本月季与墙面装饰品，将原来单一的建筑外墙进行了美化。

上花园在保留乔木和各种藤本蔷薇的基础上，重组了功能布局，将最初的大面积鲜艳仿古砖拆除，把硬质空间分成了三个部分：一是入户的集散空间；二是后部的休闲区，二者之间的通道经旱溪隔开，并用和原来花架颜色一致的木桥相连；三是拆掉了原来入口突兀的多边形喷泉，用错落有致的天然墙石做了一个流水景墙。

从上花园的末端梯步往下来到负一层花园，我们保留了木平台，拆掉大面积硬质铺面，取而代之的是草坪和石板铺设的园路。园路选择了尺寸差异较大的天然石板进行浮铺，并在间隙种植了矮小地被，这样更显生动。

植物配置方面，尽可能选择了四季常绿的本土植物，点缀了小部分时令花卉，色彩上以明快、统一的黄绿色调来打底，以衬托原来种下的各色蔷薇。

灯光改造也是设计的重点之一，根据不同的空间功能安排了相应的灯光配置。总体来说，采取的是只见光线不见灯具的手法，着重用光线引导人们的视线，将注意力聚焦在景观上。

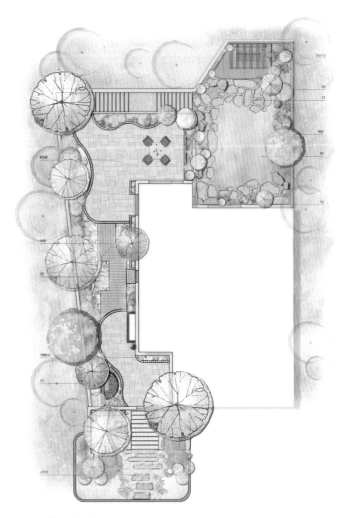

花园平面布置图

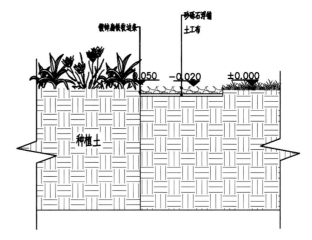

砂砾石边带剖面图

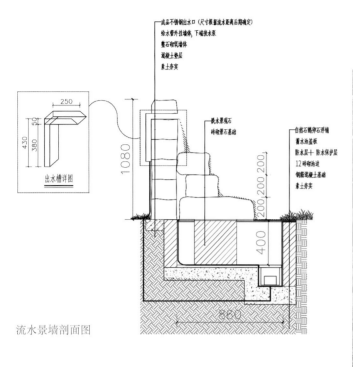

成品不锈钢出水口 (尺寸根据流水距离后期确定)
给水管外挂墙体,下端接水泵
整石砌筑墙体
混凝土垫层
素土夯实

跌水景观石
砖砌景石基础

自然石鹅卵石浮铺
蓄水池盖板
防水层十 防水保护层
12砖砌池边
钢筋混凝土基础
素土夯实

出水槽详图

流水景墙剖面图

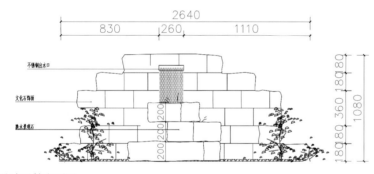

不锈钢出水口

文化石饰面

跌水景观石

流水景墙立面图

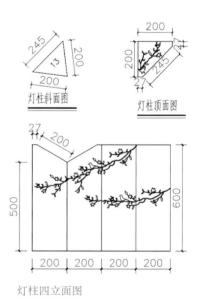

灯柱斜面图

灯柱顶面图

灯柱四立面图

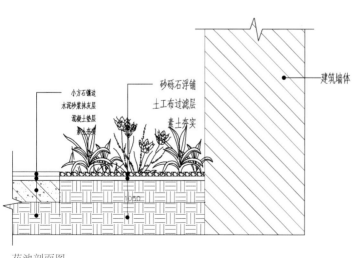

建筑墙体

小方石镶边
水泥砂浆抹灰层
混凝土垫层
素土夯实

砂砾石浮铺
土工布过滤层
素土夯实

花池剖面图

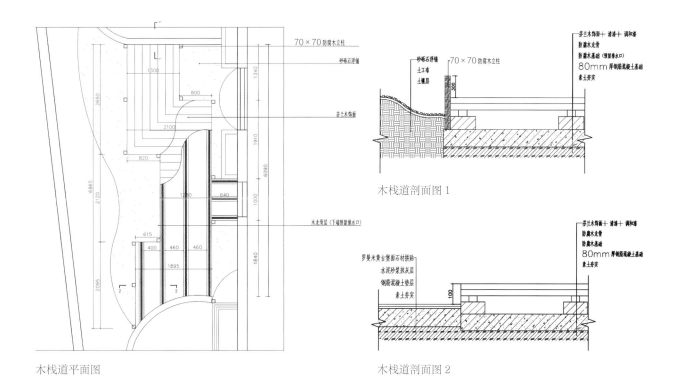

木栈道平面图

木栈道剖面图 1

木栈道剖面图 2

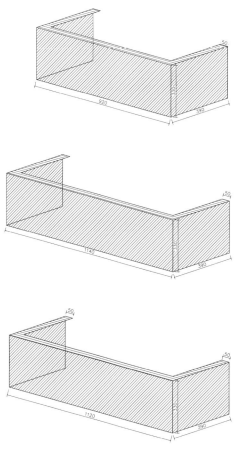

耐候钢板花箱包边详图

鸿声苑
私家花园

项目地点：江苏省无锡市
花园面积：430m²

设计风格：混搭
工程造价：45 万
施工周期：75 天
设 计 师：文伟
设计单位：无锡卓越园林景观有限公司

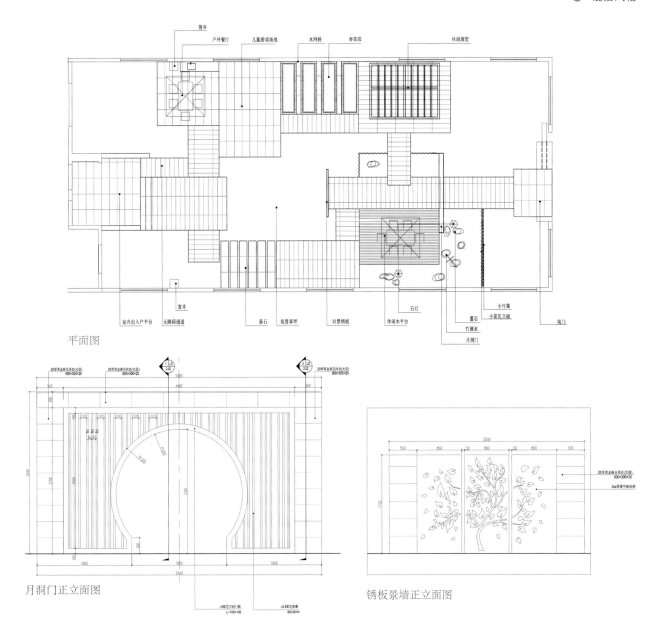

平面图

月洞门正立面图

锈板景墙正立面图

项目概况

本案业主是一对即将步入婚姻殿堂的佳人，花园整体较为方正，遂采用现代手法打造，符合年轻人的生活理念。

设计说明

场地空间规整且集中，为设计提供了多种可能性，但如何处理好近 25m 进深的归家动线，且要打破入户与建筑之间的疏离感，是设计的重点。

空间借用中式园林的进式院落格局方式，用框景、障景、对景等手法，欲扬先抑，分三层空间依次递进展开，先进园，再入宅，由宅入院，由院归家。

入口处破除原有立柱院门形式，厚重的建筑门头与围墙错层衔接，丰富层次的同时给业主以强归属感和易识别性。院门轻启，映入眼前的格栅月洞沉稳而温暖，穿行其下，特色艺术镂空的锈板温馨有趣。西侧木平台与造型罗汉松、置石、竹滴水、矮竹篱以及散置砾石互动成景，多了一分禅意。东侧廊架竖向格栅线条简洁干净，紧邻的香草园为女主人私属，同时为未来的小宝贝提供一处游戏场地。略做抬高的户外餐厅区也为家庭聚餐提供了美好可能。

柳岸晓风
别墅

项目地点：浙江省杭州市
花园面积：$90m^2$

设计风格：日式混搭
工程造价：40 万
施工周期：35 天
设 计 师：陶佳敏
设计单位：杭州壹生造园景观设计工程有限公司

项目概况

　　该项目建筑风格为法式，庭院位于建筑的南边，形状方正。从建筑内部可进入庭院，茶室可观赏到整个庭院景观。

1. 庭院入口
2. 铺装
3. 禅意景观台
4. 木平台
5. 清爽禅意景观
6. 大板台阶
7. 景观流水台
8. 景观亭
9. 吧台
10. 景墙
11. 汀步
12. 石子滩

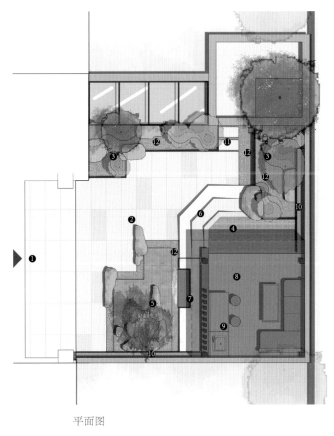

平面图

20厚石英砖（兰冰白，白色）
30厚1：3干硬性水泥砂浆
100厚C25钢筋混凝土 Φ10@200单层双向
100厚碎石垫层
素土夯实

人行铺装做法

50×50×3厚方形铝合金立柱
哑光黑
建筑采光井

50厚Φ8-15灰色砾石
无纺布两道
种植土
灯带
120厚砖砌体

预埋件
膨胀螺丝固定

200厚C25钢筋混凝土
100厚碎石垫层
素土夯实

20厚胶泥

20厚石英砖（兰冰白，白色）
30厚1：3干硬性水泥砂浆
100厚C25钢筋混凝土 Φ10@200单层双向
100厚碎石垫层
素土夯实

地漏，DN75 PVC
详水施
5mm厚不锈钢板，底部打孔Φ50@300
定制，哑光黑

不锈钢花坛做法

设计说明

本案在庭院设计上采用混搭风格，展现出现代庭院的清爽、简洁。通过了解业主需求，合理布局，将功能与景观相结合，既满足业主生活上的功能需求，又使业主在室内也有景可观。

设计中通过增加高差、丰富立面效果等手法，使原本一览无余的庭院看起来更加富有层次感，视觉感受更为丰富。同时，庭院中的景观节点都尽量简约，打造风格统一的现代庭院。

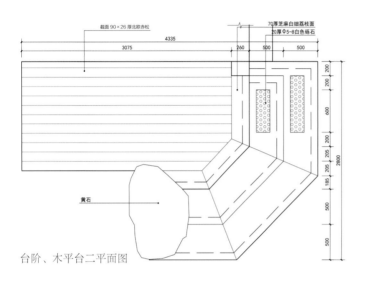

台阶、木平台二平面图

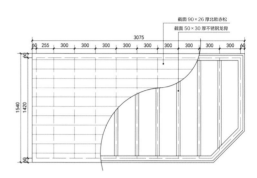

木平台二龙骨布置平面图

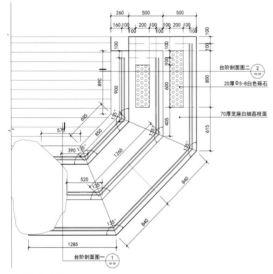

台阶平面图

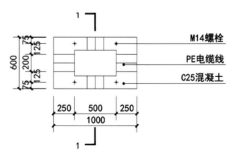

效果图

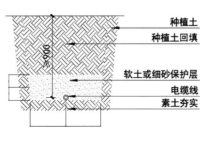

电缆直埋断面

配电箱基础平面

御海东郡别墅

项目地点：广东省佛山市
花园面积：400m²

设计风格：欧式混搭
工程造价：180 万
施工周期：130 天
设 计 师：梁振华、吴梓珊
设计单位：佛山天度景观设计有限公司

设计说明

花园分为三大区域，前花园空间设计简约、大气，以罗汉松和桂花作为绿化点缀，青松延年，花香满园。

侧院为过渡空间，林阴小道延伸了花园的景深。后院是主要活动区域，大平台为家人提供了户外聚餐的场所。

在庭院的西面设置了假山小溪，流水流向中央的鱼池，使庭院内的水系与南面河涌环境融为一体。欧式凉亭设立于东面，与山石、溪流形成对景，同时也为业主提供了一个待客闲谈的空间。

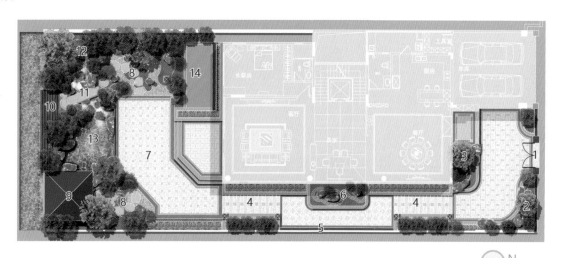

景点说明：

| 1. 入户门口 | 2. 桂花 | 3. 青松迎客 | 4. 花园小径 | 5. 照壁景墙 | 6. 造型罗汉松 | 7. 休闲平台 |
| 8. 汀步 | 9. 凉亭 | 10. 亲水平台 | 11. 溪涧小桥 | 12. 溪形石山 | 13. 观赏鱼池 | 14. 采光井 |

平面图

项目概况

别墅坐北朝南，南面临水，地势较为平坦，没有太大的高差变化。花园承载着三代人的幸福，业主渴望打造一个集功能性与观赏性合为一体的花园。

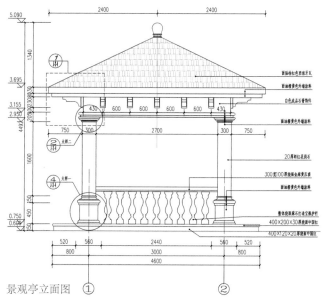

景观亭立面图 ① ②

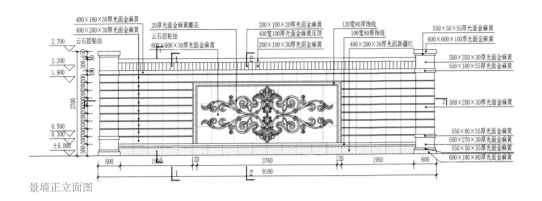

景墙正立面图

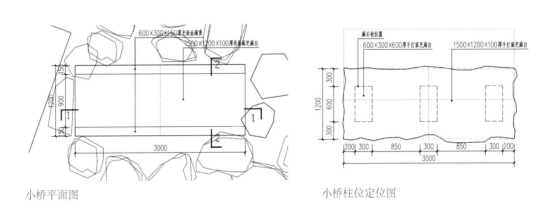

小桥平面图

小桥柱位定位图

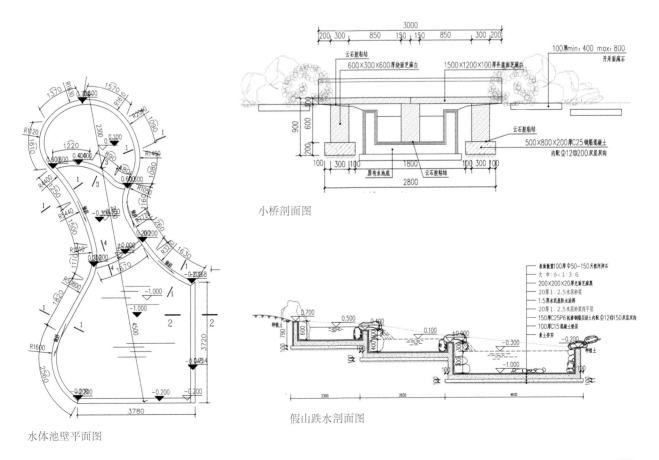

小桥剖面图

水体池壁平面图

假山跌水剖面图